莫生气

受用一生的处世之道

安中玉◎编著

黑龙江美术出版社

图书在版编目（CIP）数据

莫生气 : 受用一生的处世之道 / 安中玉编著 .
哈尔滨 : 黑龙江美术出版社 , 2024. 10. -- ISBN 978-7-
5755-0725-7

Ⅰ . B842.6-49；C912.11-49

中国国家版本馆 CIP 数据核字第 2024J6N004 号

书　　名：莫生气 : 受用一生的处世之道
MOSHENGQI: SHOUYONG YISHENG DE CHUSHI ZHI DAO

出 版 人：乔　靓
编　　著：安中玉
责任编辑：李　旭
装帧设计：黄　辉
出版发行：黑龙江美术出版社
地　　址：哈尔滨市道里区安定街 225 号
邮政编码：150016
发行电话：（0451）84270514
经　　销：全国新华书店
制　　版：姚天麒
印　　刷：三河市兴博印务有限公司
开　　本：710mm×1000mm　1/16
印　　张：10
字　　数：124 千字
版　　次：2024 年 10 月第 1 版
印　　次：2024 年 10 月第 1 次印刷
书　　号：ISBN 978-7-5755-0725-7
定　　价：59.00

注：如有印、装质量问题，请与出版社联系。

前言
foreword

人生如同一场修行，我们在其中学习、成长、跌倒再爬起。在这个过程中，生气仿佛是人性中的一道坎，考验着我们的耐心、智慧与胸怀。

然而，生气不仅于事无补，反而可能让问题变得更加棘手，伤害了自己与他人的感情，甚至在无形中消耗了我们宝贵的精神能量。因此，"莫生气"并非简单地倡导压抑情绪，而是一种深刻的自我觉察与情绪管理的艺术，它教会我们在风雨交加的人生旅途中，如何撑起一把内心的伞，保持内心的平和与宁静。

此外，"莫生气"也是一种对自我成长和心灵提升的投资。通过学习如何控制情绪、平复内心，我们能够培养出更加宽容的心态，使自己更适应多变的生活挑战，并在困难面前展现出更高的智慧和耐力。鉴于此，我们编写了《莫生气：受用一生的处世之道》这部书。

本书中既没有华丽的辞藻，也没有高高在上的说教，而是通过一个个贴近生活的故事、一段段发人深省的哲理，以及实用的心理调节技巧，缓缓地展开一幅幅关于"不生气"的生活画卷。它告诉我们，真正的强大不是对外界的无畏抗争，而是在于内心世界的平静与从容；真正的强大不是对每一件小事锱铢必较，而是拥有包容万物的胸怀与智慧。

在阅读本书的过程中，你会逐渐意识到，每一次的"不生气"，都是战胜自己情绪的一次胜利，是对生活态度的一次升华。它让我们学会从不同的视角看待问题，理解他人的不易，从而在人际交往中更加圆融，也能在自我成长的道路上更加坚定。书中分享的不仅仅是处理冲突的技巧，还有如何在日常生活中培养一颗平和心，让生活因这份平和而变得更加美好的智慧。

《莫生气：受用一生的处世之道》是一本适合放在枕边，随时翻阅的书。它像一位智慧的老友，在你心绪不宁时给予慰藉，在你迷茫困惑时点亮明灯。它教会我们，生气或许只是一瞬间的选择，但"不生气"却是一种生活态度，一种需要长期修炼与实践的智慧。在这个快节奏的社会中，它提醒我们放慢脚步，用心感受生活的每一刻，以更加成熟、从容的心态，去拥抱每一个或晴或雨的日子。

每一次的不悦与冲突，都是成长的契机，是自我反省与提升的宝贵机会。通过学习如何有效沟通、如何在冲突中寻求共赢，我们不仅能减少生活中的摩擦，更能在此过程中发现生活的美好，增进人与人之间的理解与尊重。

目录
contents

第三章　应对策略——有效管理与化解冲突

第四章　持续实践——构建不生气的生活方式

第一章
认识情绪——生气的根源与影响

　　生气，是我们正常的情绪之一，但却是一种负面情绪。世间事纷杂多变，我们几乎随时都会遇到让自己生气的事情。比如，家长里短的纠纷、工作社交的算计、文化差异的误解、知识层次的高低、财富分配的不公等。只有正确、客观地对待这些事情，才能让我们尽量避免无谓的愤怒等情绪。

生气的本质

生气是一种内外因素共同作用的情绪体现。首先，外部事件的触发是直接原因，如遭遇不公平待遇、人际冲突、目标受阻等，这些情境挑战了个人的期望和自尊，引发了情绪波动。其次，人们对事件的解释和归因方式不同，直接影响情绪反应。若倾向于消极解读，将挫折视为个人失败，更容易感到愤怒。最后，个人的经历与性格特质也起着一定的作用。早期生活中的创伤经历、高神经质或低情绪智力的人，可能对刺激更为敏感、易怒。此外，生理因素不可忽视，如荷尔蒙水平、大脑化学物质的不平衡，均可增加生气的倾向。

李明最近发现自己经常莫名地感到烦躁和生气，这让他困惑不已，他决定深入探究自己生气的根源。

起因是一次工作上的挫败。李明精心设计的一个项目被客户无端

否决，这对他于来说不仅是职业上的打击，更是对个人价值的一种否定。这次事件成了他生气的直接导火索。他开始意识到，每当遇到类似不公正的对待或是自己的努力不被认可时，内心的愤怒便油然而生。

经过一番深思之后，李明发现自己的认知评价体系过于苛刻。他总是将外

界的否定直接关联到个人能力的不足上，而不是视之为外部环境的偶然性。正是这种消极的自我归因模式，加剧了他的情绪反应，让他在面对挫折时更容易感到愤怒。

既然是最棒的，我怎么会失败了？

　　追溯过往，李明成长于一个重视成就的家庭中，从小就被灌输了"成功至上"的价值观。这种环境虽然培养了他的好胜心，但也让他对失败异常敏感，无形中为日后的生气情绪埋下了伏笔。同时，李明承认自己在情绪管理方面并不成熟，缺乏有效的情绪释放渠道，进一步加剧了负面情绪的累积。

　　人有七情六欲，七情是指喜、怒、忧、思、悲、恐、惊，其中，"怒"就是我们常说的生气，当我们的愿望、需求未被满足或遭遇不公、误解时，内心会产生挫败与不满。加之生活中无处不在的压力，情绪调控能力受限，便容易爆发怒气。

　　生气，是情绪的风暴，也是成长的催化剂。它教会我们在波折中辨识真正重要的事物，促使我们反思与外界的互动模式。生气时，我们应深入探索其根源，是否源于对外界评价体系的过分依赖，或是对生活控制感的缺失。

　　因此，正确认识生气的本质，是接纳其为人性的一部分。既非逃避亦非放纵，而是在每一次情绪涌动时，寻找其背后的深层诉求。最终，我们学会了如何以更加成熟和智慧的方式，与这个世界温柔相待，也让生气成了生命河流中一道独特而有意义的风景线。

　　林浩以木匠手艺闻名，他发现自己常为小事动怒，尤其是当他精心雕琢的作品被顾客挑剔时。这股怒气让他感到困惑，于是决定前往村里的智慧老人那里求解。

　　林浩见到老人，诉说了自己的困扰。老人听后，领他来到一片竹林，指着一根竹子说："你看，这根竹子在强风中弯而不折，因为它懂得顺应自然。生气，就像是内心的风，你需要学会如何让它成为塑造你而非摧毁你的力量。"

　　随后，老人交给林浩一块未经雕琢的木头，让他进行雕刻，条件是边雕边观察自己的情绪变化。起初，林浩每次遇到不满意之处便愤然丢下工具。但随着时间流逝，他开始在雕刻中找到了平静，每一次挫败后都能更快地找回专注。他意识到，生气其实是在提醒自己，哪里需要更多的耐心，哪里是他尚未触及的自我成长点。

　　从此，林浩在创作中遇到挑战时，他不再轻易动怒，而是以一颗平和之心，将每一次挫败视为精进的契机。他明白了生气的本质，是生命给予的一份礼物，提醒自己不断探索、不断成长。

起初我易怒，但现在我学会了在每一次敲打中寻找平衡。

生气，是无法避免的，小到起床气，大到国仇家恨。人的一生始终会伴随着各种生气或者愤怒，它不仅是一种情绪，更是指路的明灯，让我们走上正途。没有人能克服这种情绪，但我们可以平和地接受它，改变它，并利用它，使负面情绪成为正面情绪的向导和孕育土壤。当我们意识到自己生气时，就立即停下来，走向它的对立面，就是积极正面的情绪：乐观、包容、镇定。

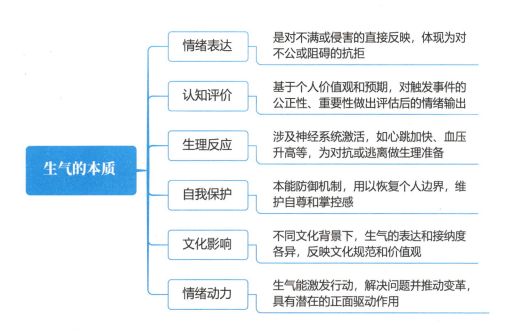

生气的本质		
	情绪表达	是对不满或侵害的直接反映，体现为对不公或阻碍的抗拒
	认知评价	基于个人价值观和预期，对触发事件的公正性、重要性做出评估后的情绪输出
	生理反应	涉及神经系统激活，如心跳加快、血压升高等，为对抗或逃离做生理准备
	自我保护	本能防御机制，用以恢复个人边界，维护自尊和掌控感
	文化影响	不同文化背景下，生气的表达和接纳度各异，反映文化规范和价值观
	情绪动力	生气能激发行动，解决问题并推动变革，具有潜在的正面驱动作用

生气对身心健康的危害

俗话说，气大伤身，生气对身体的危害是多方面的，也是不容忽视的。首先，生气会导致心跳加速、血压升高，长期如此，会加大患心血管疾病的风险等。其次，生气会影响人体的内分泌系统，导致荷尔蒙失衡，进一步影响身体的正常功能，甚至影响到我们的行为举止。再者，生气还会对消化系统造成压力，可能引发胃病、消化不良等症状。同时，生气的情绪还会对大脑产生负面影响，导致记忆力下降、注意力难以集中等。因此，我们应当学会控制情绪，保持平和的心态，以维护身心的健康。

哎呀，气死我了，又跌了，哎呀，我的心好疼。

小明总是容易生气，每当遇到不如意的事情，他就会怒火中烧，甚至暴跳如雷。只有通过发泄愤怒，才能让他感觉舒服一些。

然而，随着时间的推移，小明开始意识到生气给他带来的不仅仅是短暂的舒解，更多的是长期的伤害。一天，他因为一件小事与家人争执，愤怒之下，他突然感到胸口一阵剧痛，几乎无法呼吸。家人见状，急忙将他送往医院。

经过医生的检查，小明得知自己因为长期生气动怒，已经患上了高血压。医生告诉他，如果再继续这样生气下去，病情将会更加严重，甚至可能危及生命。小明听后，心中不禁一阵后怕。

在医院的日子里，小明开始反思自己的行为。他意识到，生气不仅伤害了自己的身体，还影响了与家人的关系。他决定改变自己，学会控制情绪，用平和的心态面对生活中的不如意。

经过一段时间的努力，小明逐渐变得沉稳起来。他学会了在生气时先深呼吸，之后冷静思考，不再轻易发脾气。他的身体状况也逐渐好转，血压也得到了改善。

如何避免生气对身体的伤害？首先，要学会保持冷静和平和的心态。遇到不如意的事情时，深呼吸，让自己冷静下来，不要急于发泄情绪。要积极寻求解决问题的方法，避免冲动和争吵。其次，要保持积极乐观的心态，多关注生活中的美好事物，让心情保持愉悦，从而远离生气对身体的伤害。

生气，不仅对身体健康会产生危害，对心理健康的危害也更加严重。生气容易引发长期的焦虑、抑郁和紧张情绪，使人陷入消极的思维模式，难以享受生活的乐趣。长期愤怒还可能削弱个体的情绪调节能力，导致情绪失控，影响社交互动和人际关系，慢慢地会被人群疏远。更为严重的是，生气会破坏个人的内在平和，降低自我价值和自尊感，导致自信心的丧失和决策能力的下降，从而做出错误的决定。因此，学会有效管理愤怒情绪，维护心理健康，对于个体的幸福感和生活质量至关重要。

李华是个性格急躁的年轻人。一天，他在公司项目中遇到了难题，进度严重滞后。上司严厉地批评了他，他瞬间火冒三丈，与上司发生了激烈的争执。

你怎么就不能理解我呢？

你总是这么容易生气，我真的很害怕。

回到家后，李华依然怒气未消，与妻子小玲因为琐事再次起了争执，他大吼道："你怎么就不能理解我呢？在公司，他们针对我。回到家里，你也觉得我不对，你们到底想让我怎么样才行？"李华大声吼道。小玲委屈地回应："你总是这么容易生气，我真的很害怕。"

夜晚，李华躺在床上辗转反侧，脑海中不断回荡着与上司和妻子的争执。他感到自己仿佛被困在一个黑暗的角落，无处可逃。他开始失眠，白天也提不起精神，工作和生活一团糟。

一天，李华遇到了老朋友张明。张明得知了他的困扰，建议他学会控制情绪。于是，李华开始尝试深呼吸、冥想等方法。渐渐地，他发现自己不再那么容易被激怒，心情也变得更加平和。

李华深刻地体会到，生气不仅伤害了自己，也伤害了身边的人。他决定珍惜这份平静，用心维护自己的心理健康。

你要学会控制情绪，不要让生气毁了你。

　　想要避免生气对心理健康的危害，关键在于情绪管理与自我调节。首先，培养自我觉察，意识到怒气升起的初期迹象，及时按下暂停键，深呼吸，给情绪一个缓冲空间。其次，采用积极的应对策略，如进行有氧运动释放紧张情绪，让心灵回归平静。同时，与信任的朋友或家人交流感受，也是有效的情绪出口。

```
生气对身心        生理健康损害        免疫系统：抑制免疫功能，降低抵抗力，
健康的危害                          易患病

                                 神经系统：睡眠障碍，头痛，慢性疲劳

                                 心血管系统：长期生气增加心脏病风险，
                                 血压上升，心律不齐

                                 消化系统：胃痛，消化不良，可能诱发胃溃疡

                 心理健康问题       抑郁症：持续负面情绪可能会导致抑郁症状

                                 焦虑：频繁生气会加剧焦虑感，形成恶性循环

                                 应激反应：长期处于应激状态，影响心理健康

                                 自我评价下降：情绪波动大，影响自信心和
                                 自我效能感
```

社交中的情绪感染

在社交互动中，我们时常被他人的坏情绪感染。当周围人感到愤怒、焦虑或沮丧时，我们很容易在不经意间被这种负面情绪所影响，进而产生生气的冲动。这种情绪的传递源于我们的共情能力，它让我们能深刻地体会他人的情感。然而，过度地被坏情绪所感染不仅会影响我们的心理健康，还可能会对社交关系造成损害。因此，在社交场合中，我们需要有意识地培养情绪管理能力，学会在感知他人情绪的同时，保持自我情绪的独立和稳定，避免被负面情绪所左右，从而以更加积极和理性的态度面对社交挑战。

小莉坐在茶馆内，手捧一杯刚泡好的茉莉花茶，享受着难得的闲暇时光。可是，这份宁静很快被打破，老陈风风火火地进门，他对忙碌的店员小芳喊道："茶呢？我时间紧迫啊！"小芳连忙赔笑，解释着茶炉临时出现了小故障。

小莉看着老陈的不悦，心里不由自主地泛起了波澜，那份原本不

茶呢？我时间紧迫啊！

他好着急啊，搞得我都急躁了。

属于她的急躁悄然在心底扎根。随后，闺蜜小霞的到来更是火上浇油。她一边坐下，一边激动地分享着早上的不愉快，情绪像潮水般迅速感染了小莉。

　　老陈的耐心终于耗尽，他的爆发让整个茶馆的空气都凝固了："茶呢，你们是干什么吃的啊？想让我等到天黑吗？"小莉望着这一切，心生一计，她缓缓起身，走到老陈和小芳身边，轻声细语道："大家少安毋躁，这壶茶算我的，让我们深呼吸，重新找回这一刻的宁静，怎么样？"

　　小芳、老陈的神色逐渐缓和，点了点头。小莉的这一举动，仿佛春风化雨，让茶馆里紧绷的氛围逐渐松弛下来，他们又找回了那份属于静逸轩的平和与惬意。

　　其实，被他人的坏情绪所感染而导致自己生气，是最不明智的，是一种无端之火。也许当你被感染时，他人却能释然了，或者你们一起生气，一起被坏情绪左右。因此，避免被他人的坏情绪感染，最重要的是要做到时刻保持清醒的意识和理智，及时树立意识屏障。

在社交中，我们应该如何避免被他人的坏情绪感染呢？首先，我们需要保持冷静和理性的头脑。在社交互动中，当觉察到他人的负面情绪时，不妨采取短暂离开或转移注意力的方式来给自己一些缓冲时间，从而避免直接受到情绪的冲击。其次，我们要努力理解对方的立场和感受，也要保持自我情绪的独立和稳定。通过积极寻求解决问题的途径，以平和的心态和沟通方式应对挑战，我们能够更好地管理自己的情绪，维护自己的心理健康和社交关系的和谐。

王羲之是我国古代著名的书法家和文学家，他不仅以书法造诣闻名，更以其豁达的人生态度和处理人际关系的智慧备受后人推崇。

有一次，王羲之被邀请参加一场官员间的聚会。席间，众人多是抱怨朝政、互相倾轧，气氛颇为压抑。王羲之见状，并未直接批评或加入争论，而是提议大家一同挥毫泼墨，以书法抒怀，转移注意力。他亲自执笔，写下"兰亭集序"，字字珠玑，流畅自然，文采斐然，文中表达了对自然美景的赞美以及对人生无常的感慨，但更多的是流露出一种超脱世俗的洒脱和对美好生活的向往。

书法如人生，起伏跌宕，但最终都要归于平和。

看王羲之的字，真是让人心旷神怡，烦恼全消。

在王羲之的影响下，原本紧张的氛围逐渐缓和，官员们纷纷放下心结，投入到书法创作中。通过艺术的表达，释放了内心的不满与压力，聚会最终转变为一场文化交流的盛宴。王羲之以自己的行动和才华，不仅巧妙地避免了被周围的负面情绪所感染，还引导了周围人寻找心灵的出口，展现了高超的情商与智慧。

星辰作伴，我心足矣。

　　拒绝坏情绪能够带来多方面的积极影响，首先，积极的心态有助于减轻压力，减少抑郁和焦虑的情绪，使人们在面对挑战时能保持冷静与乐观。其次，好心情可以增强自我控制力，使决策更为理性，行为更加妥当。再者，良好的情绪状态可以促进身体健康，减少由压力引起的心身疾病风险。此外，它还感染并改善周围人的情绪，构建和谐的社会环境，加深人与人之间的理解和信任。

社交中的情绪传染

- **生气情绪的特点**
  - 表达：面部表情、声音变化明显，易于识别
  - 传染性：由于其显著性，生气特别容易在社交中扩散

- **传播途径**
  - 直接交流：面对面谈话，情绪通过言语、表情直接传递
  - 非言语信号：身体语言、声调变化，无意识模仿
  - 社交媒体：图文、视频情绪表达，远程情绪感染

- **影响后果**
  - 群体氛围：一人愤怒，可能带动多人情绪低落或紧张
  - 人际关系：长期被负面情绪传染，导致信任度下降，关系疏远
  - 工作效率：工作场所情绪传染，影响团队合作和生产力
  - 身心健康：情绪压力在社交网络中累积，增加心理和生理负担

生气的情感根源

生气作为一种强烈的情感反应，其根源往往深植于我们的情感世界中。因此，生气的情感根源是复杂多样的：

首先，愤怒和敌意是生气最直接的情感来源。当个体感到受到威胁、侵犯或挑衅时，会产生愤怒和敌意的情绪。

其次，悲伤和失落也是生气的情感根源之一。当个体经历失去、失望或失败时，可能会产生悲伤和失落的情绪，也可能会感到无助和愤怒。

最后，羞耻和愧疚也是生气的情感根源之一。当个体意识到自己的行为或言论违背了道德、伦理或社会规范时，可能会产生羞耻和愧疚的情绪，从而导致个体对自身的愤怒。

林峰是一位青年画家。他的画作深受乡亲们的喜爱。然而，一次画展的失利，却像一块巨石投入了他平静的生活湖面，激起层层波澜。

林峰的作品被一位知名评论家公开批评，称其作品缺乏创新，只是对传统景致的机械复制。很快，消息就传回了村庄，村民们议论纷纷。

创新？我的作品真的只是机械复制吗？

最初，林峰感到尊严受损，心中燃起熊熊怒火，他甚至开始怀疑那位评论家的水平。

随着时间推移，愤怒逐渐淡化，取而代之的是悲伤和失落。他开始反思，是否真的如评论所说，自己的创作陷入了停滞，他对自己的未来充满了迷茫。

最让他难以承受的是，他开始感到羞耻和愧疚，认为自己辜负了乡亲们的期望，让一直以来支持他的人失望。

从那以后，林峰决定重新审视自己的创作。他不再单纯追求技法的创新，而是用心去感受每一滴水、每一片瓦背后的故事。他画出了水乡的晨雾、渔舟唱晚，更重要的是，他画出了水乡人民的坚韧与温情，以及自己对这片土地深深的爱。

或许，我画的不仅是景，更是这里的故事和情感。

生气的情感根源是复杂多样的，包括愤怒和敌意、悲伤和失落、羞耻和愧疚等。这些情感状态相互交织、相互影响，共同构成了生气的情感根源。了解这些情感根源，有助于我们理解生气的本质，从而更好地应对和管理生气的情绪。

首先要正视并接纳生气这种情感根源。愤怒是情感的一种正常表达，它往往蕴含着对某些不公正或不满意情况的敏感。悲伤是我们对自身或者其他厄运等的表达，失落或愧疚是一种自责。通过深入分析这些情感的形成原因，我们可以明确自己的需求和底线，从而更坚定地维护自己的权益。同时，将愤怒转化为积极的行动，将悲伤转化为情绪的宣泄，将失落转为弥补的前奏都能使生气的根源情感得到积极有效的利用，帮助我们成长和进步。

张海迪的故事家喻户晓。在年幼的时候，张海迪因患脊髓血管瘤导致高位截瘫。从此，她的生活被限定在了一张轮椅上。然而，她并没有向命运低头，而是选择将悲愤转化为改变命运的力量。

命运不公，就与它斗到底。

张海迪明白，自己虽然身体残疾，但心灵却是自由的。于是，她下定决心，要通过自学来填补自己的知识空白。

张海迪每天起早贪黑，利用一切可以利用的时间来学习。她无法像其他同学一样去学校上课，但她通过网络和书籍，自学了小学、中学和大学的课程。她不仅精通多门外语，还攻读了硕士和博士学位。在这个过程中，她遇到了无数的困难和挑战，但她从未放弃过自己的梦想。

有一次，张海迪在自学过程中遇到了一个难题，她尝试了各种方法都无法解决。就在她几乎要放弃的时候，她想到了自己的儿子，决定给儿子树立一个榜样。于是，她重新振作起来，继续投入到学习中。最终，她成功地解决了那个难题，也为自己的人生道路增添了一份宝贵的经验。

我们要化悲愤、失落为力量，成为一名强者，并鼓舞他人。

古有精卫填海、愚公移山，在他们行动之前，无一不是满腔气愤，如果他们被客观现实打败，只留下一腔悲愤，就只能是自我伤害。相反，他们利用这种情绪带来的力量和意志，百折不挠，持之以恒，最终完成了看似不可能完成的壮举。在生活中，处处是山海，我们应当正视内心，采取正面积极的行动，最终让气愤成为动力，推动着我们在正确的道路上前行。

生气的情感根源

深层情绪	悲伤与失落引起的情绪，可转化为愤怒
自我评价	羞耻与愧疚，自我价值感受损，未能达到标准而引发愤怒
期望落差	失望与不满，他人行为未达到个人期望，产生愤怒情绪
恐惧感	不安与忧虑，对未知、失败的恐惧可转化为防御性愤怒
挫败感	无力与沮丧，对困难无法克服，积累负面情绪转为愤怒
认同危机	价值与归属，个人信念与挑战，感觉不被认同而引发愤怒

认知偏差与情绪触发

　　生气，这种情绪除了来自我们自身的诸多情感之外，认知的偏差也是触发条件之一。

　　认知的偏差往往会导致个体对事物产生错误的判断和理解，进而引发不必要的生气情绪。当个体受到认知偏差的影响时，他们会对他人的行为和意图产生误解，认为对方的行为是出于恶意或轻视。这种误解会激发个体的愤怒情绪，使他们产生攻击性反应或做出冲动的决定，导致冲突升级。因此，了解并纠正认知偏差，提高个体的认知能力和情绪调节能力，对于减少不必要的生气情绪以及维护良好的人际关系至关重要。

　　小杨和小陈是多年的好友，他们曾一起度过许多欢乐的时光。然而，一天晚上，小杨因为加班到深夜，忘记回复小陈发来的晚餐邀请消息。

　　小陈坐在餐桌前，手机不断地显示着未读消息，她的心情逐渐从期待变得焦虑。她开始想象各种可能性：小杨是不是对我有什么不满？还是因为他有了新朋友，不再需要我了？这些想法在小陈的脑海中不断盘旋，让她的情绪逐渐变得失落。

小杨怎么还没回消息？难道是我做错了什么？

第二天，小杨终于看到了小陈的消息，他立刻回复并解释了自己昨晚的疏忽。然而，当他兴致勃勃地来到小陈家时，却发现小陈脸色阴沉，显然还带着怒气。小杨一头雾水，不明白自己到底做错了什么。

　　在两人的交谈中，小陈终于道出了自己的不满和担忧。小杨听后恍然大悟，原来小陈是因为自己的过度推断而产生了误解。他连忙向小陈道歉，并解释了自己的真实情况。经过一番沟通，两人的误会终于解开，但小杨也深刻地体会到了认知偏差带来的后果。他决定以后更加注意沟通，避免再次发生类似的误会。

　　过度推断是认知偏差中常见的一种现象，其根源是猜疑或者不自信。过度推断往往基于对客观情况的片面了解，是一叶障目，不见泰山。在生活中，我们经常会出现过度推断的事情，尤其是网络发达、信息爆炸的现代，如果不能理智冷静地做事，就很容易掉进过度推断的陷阱里。

　　除了过度推断外，认知偏差还有确认偏差、信息偏见、过度自信、锚定偏差等，首先，需要我们拓宽信息渠道，通过多方面的信息来源了解事情的全貌。其次，主动思考、不可盲目接受他人的结论，而是要进行深入的分析和思考。同时，还要时常检查自己的思考过程是否存在偏差，并及时纠正和调整。

此外，提高信息素养和批判性思维能力也是避免认知偏差的重要途径。我们应当学会如何筛选和评估信息，避免受到不完整或错误信息的干扰。同时，通过批判性思考，我们还可以更好地识别和理解问题，减少因认知偏差而产生的错误判断。

廉颇在战场上屡建奇功，对自己的能力和地位有着高度的自信。蔺相如成功地完成了出使秦国的使命，并在渑池之会上为赵王赢得了尊严，因此被封为上卿。

蔺相如在赵国的地位提升，引发了廉颇的认知偏差。他最初对蔺相如的成就并不认同，甚至产生了嫉妒和不满，于是整日生闷气。他认为自己作为久经沙场的武将，功勋卓著，理应受到更高的礼遇和地位。蔺相如不过只是一介书生，仅凭口舌之利就获得了上卿的高位，这在他看来是不公平的。

这种认知偏差导致廉颇对蔺相如产生了偏见。他忽视了蔺相如为国家所作出的贡献，只看到了自己与蔺相如地位上的差距。这种偏见使得他在很长一段时间内对蔺相如持敌对态度，甚至多次挑衅。

他一介书生，何德何能身居高位？

然而，随着时间的推移和更多信息的获取，廉颇逐渐认识到了自己的错误。他了解到蔺相如的智慧和勇气对于赵国的重要性，以及蔺相如为国家所作出的巨大贡献。他意识到自己的认知偏差和偏见是错误的，因此主动向蔺相如道歉并负荆请罪。

廉将军无需自责，我们都是为了赵国，过去的事就让它过去吧。

我廉颇昔日无知，今日特来请罪。

　　廉颇与蔺相如的故事展示了认知偏差的一个典型表现——确认偏差。廉颇最初因为自己的经验和地位而对蔺相如产生了偏见，忽视了他的贡献和价值。然而，随着更多信息的获取和深入的思考，他最终认识到了自己的错误，并主动纠正了自己的认知偏差。

　　由此看来，我们应该时刻保持开放的心态和批判性思维，避免因为认知偏差而做出错误的判断和决策。同时，我们还要尊重每个人的贡献和价值，不要因为自己的偏见而忽视他人的优点和成就。

认知偏差与情绪触发

- **确认偏误**　仅关注证实自己观点的信息，忽视反证，加深误解与不满
- **基本归因错误**　过度将他人行为归咎于性格而非情境，易产生指责与愤怒
- **自我服务偏见**　低估个人责任，高估他人过错，导致不公感与愤怒
- **过度概括化**　一次负面经验泛化至全部，形成刻板印象，引发愤怒
- **记忆偏差**　对伤害记忆犹新，累积负面情绪，增加生气频率
- **情绪推理**　根据当前情绪判断事实，而非客观分析，情绪主导认知
- **极端思维**　非黑即白看问题，缺乏灰色地带，易于产生对立与怒气

工作环境中的压力与怒气管理

在工作中，压力如影随形，随之而来的是或大或小的怒气，它们共同影响着我们的工作效率和心态。当工作压力逐渐累积时，我们可能会感到焦虑、紧张甚至无助，这种持续的紧张状态容易导致情绪失控，从而引发怒气。

怒气不仅会影响我们的个人情绪，还会对工作环境和人际关系造成负面影响。因此，在工作中学会管理和应对压力与怒气至关重要。我们需要学会识别自己的压力源，并找到适合自己的缓解压力的方法。

小李是某大型企业的一名项目经理。随着公司业务的不断拓展，他肩上的担子也越来越重，工作压力如同巨石一般压在他的心头。

随着时间的推移，小李发现自己越来越难以承受这种压力。他开始失眠、焦虑，甚至在与同事的沟通中也变得越来越急躁和易怒。

一天，小李需要在会上展示项目的进展情况。然而，由于前一天晚上熬夜赶工，他早上起床时感到头晕目眩，情绪也异常低落。在会议上，他因为一个小小的失误被同事质疑，这让他感到极度愤怒和沮丧。

愤怒之下，小李与同事发生了激烈的争执，场面十分尴尬。会议结束后，他意识到自己的冲动行为不仅影响了自己的形象，也破坏了团队的和

谐氛围。

　　这次经历让小李深刻反思了自己的行为。他意识到，如果不能妥善地处理工作中的压力和怒气，就会成为阻碍自己前进的绊脚石。于是，他开始学习如何调整自己的心态，经过一段时间的努力，小李逐渐找回了自信和工作的乐趣。

学习调整心态，让我重新找到了工作的乐趣和自信。

小李，最近看你变化很大，是怎么调整过来的？

　　　　工作中的压力是无法逃避的，生气也是无法避免的。但我们可以采取行动来消除压力，比如分享倾诉、体育运动、听听音乐、看看电影，或是读一本让人心平气和的书等，短暂的休整不会影响工作进度和效率。同样的，当怒气来临时，我们要及时自我约束，避免爆发。

　　面对职场压力与怒气，首要在于自我认知与情绪管理。当压力山大或不满情绪涌来时，先做几次深呼吸，让理智回归。学会情绪隔离技巧，将工作中的挑战视为可解决的任务而非个人攻击，保持专业态度。设立实际可行的目标，分解任务，逐步攻克，减少压倒感。积极沟通，及时与同事或上司表达你的想法与难处，寻求支持与解决方案。培养乐观思维，将困境视为成长的垫脚石，从中寻找学习和进步的机会。保持工作与生活的平衡，合理安排休息与娱乐，用兴趣爱好来缓解压力。

张磊是一位才华横溢的软件工程师。公司的一个重大项目即将上线，他肩负起了关键的开发任务。然而，这突如其来的工作压力像是一座大山，压得他喘不过气来。

连续的加班和紧迫的交付时间，让张磊的心情越来越沉重，他发现自己开始变得易怒和焦虑。他意识到自己处在崩溃的边缘，如果控制不住因压力而产生的怒气，他的冲动行为可能会伤害同事的感情，还可能影响到整个团队的士气。为了改变这种状况，他开始积极寻找应对压力和怒气的方法。

压力让我身心俱疲，就连工作也开始停滞。

一个星期后，张磊学会了将庞大的项目分解为若干个小目标，每天集中精力完成一部分。他还利用午休时间进行冥想，让自己从繁忙的工作中暂时抽离出来，以平复心情。当再次遇到问题时，他不再急于发火，而是先冷静下来，与同事共同探讨解决方案。

经过一段时间的调整，张磊发现自己不仅工作效率提高了，与同事的关系也变得更加融洽了。他明白了，正确应对压力和怒气不仅能让工作更加顺利，还能让自己变得更加成熟和稳重。

　　压力，是怒气之源。人的承受能力是有限的，压力却会慢慢增大。当最后一根稻草出现时，怒气就会爆发，严重的会毁掉一个人的职业生涯。虽然专业技能决定你在职场中的高度，但决定职业生涯寿命的往往不是技能，而是平衡压力的能力。只有具备这种能力才能使自己平和，使他人团结，才能让个人的技能得到长久稳定的发挥。

工作中的怒气管理	自我意识提升	时刻觉察情绪变化，识别压力的源头，防患于未然
	情绪调节技巧	深呼吸、正念冥想，帮助放松，减少愤怒瞬间爆发
	积极的沟通策略	开放表达感受，寻求理解与协作，化解误会与冲突
	时间与任务管理	设定合理目标，优先级排序，减轻工作压力
	休息与放松	定期休息，工作之余适当放松，维护精力平衡
	专业发展与学习	提升技能，增强工作自信，减少不必要的压力

家长里短，气大伤身

家长里短通常指的是家庭中的琐碎事务和纷争，往往就是这些小事，最容易触动人们的情绪。比如，家长对孩子的教育方式存在分歧，或者对家庭开支有不同的看法，甚至是为了一些日常琐事，比如谁来洗碗、如何分配家务等问题争论不休。这些问题看似微小，但长期积累下来，就会引发家庭矛盾，让人感到烦躁和生气。面对这些源源不断的家长里短，很难保持冷静。尤其是当问题无法得到妥善解决且反复出现时，更容易让人产生挫败感和愤怒情绪。因此，家长里短的问题不容小觑，需要家庭成员共同沟通和努力，寻找合适的解决方法。

张大妈和李大爷是邻居。两家的院子仅由一道低矮的篱笆隔开。张大妈种了一棵苹果树，树枝伸过篱笆，结的苹果常常落在李大爷家的院子里。

起初，李大爷会把苹果捡起来，递还给张大妈。但随着时间的推移，他开始认为落在他院子里的苹果就是他的。张大妈非常生气，她

掉到我的院子里，就是我的苹果了。

觉得李大爷太贪心了。

一天，张大妈看到李大爷又在捡苹果，便出言提醒："李大爷，那苹果是我的树结的，应该是我的。"李大爷却不服气地回答："可它们掉在我院子里，就是我的了。"

张大妈听后气得七窍生烟，她与李大爷争执起来。周围的邻居都被争吵声吸引了过来。有人支持张大妈，认为李大爷应该归还苹果；也有人站在李大爷这边，觉得他院子里的东西就归他所有。

这场争执持续了很长时间，两家人的关系因此彻底闹僵。原本和睦的邻里关系，就因为几个苹果而变得紧张。每当张大妈看到那棵苹果树，都会想起与李大爷的争执，心中满是怒气。

李大爷，树是种在我院子里的，凭什么不还给我？

我们在处理家长里短时，首先，要让自己冷静下来，避免在愤怒时做出冲动的决定或说出伤人的话。其次，要积极与家人或邻里进行沟通，认真倾听对方的想法和感受，理解彼此之间的分歧，寻求妥善解决问题的方法。最后，要学会宽容和包容，不要把小事看得太重。

气大必然伤身。那么，如何避免家庭内部或者邻里之间因摩擦产生的不快呢？我们需要建立真诚、开放的交流环境，及时表达自己的想法，同时也要耐心倾听对方的意见。在日常生活中，多一些宽容和耐心，对于家人或邻里的小过失和不足，不要过于计较或苛责。要理解每个人都有自己的个性和习惯，通过相互包容，可以减少很多不必要的争执。另外，共同协商和制定一些家庭规则也很有帮助，这样在处理家庭事务时才能够有明确的指导和依据，从而减少冲突和误会。

　　宋平和陈燕一家四口过着平静的生活。宋平是个商人，但他总是被工作牵绊。陈燕则是个全职太太，照顾着家里的两个孩子。

孩子们，你们的爸爸今天有重要的事，可能不会回来吃饭了。

　　陈燕的生日即将到来，孩子们为她准备了一个生日派对。然而，宋平却因为一个重要的商业洽谈忘记了这个特殊的日子。当天，他回家时已经很晚。

　　"爸爸，你怎么才回来？"小儿子跑过来，有些埋怨地说，"妈妈的生日派对都结束了。"

对不起，我忘记了，我应该把家庭放在第一位的。

没关系，工作重要。

　　宋平看着有些失落的陈燕和孩子们，心中涌起了愧疚。他深知自己的忽视可能让陈燕感到生气。

　　陈燕只是淡淡地说："没关系，工作重要。"

　　宋平决定要弥补这个错误。第二天，他早早地回家，手里捧着一大束鲜花和一条精美的项链。他深深地向陈燕道歉，并表示以后会更加关注家庭，不再让工作完全占据自己的生活。

陈燕被他的真诚打动，两人紧紧地拥抱在一起。

这次经历让宋平深刻地体会到家庭的重要性，并决定以后要更加平衡好工作与家庭的关系。陈燕也因为宋平的改变，感到更加幸福和满足。

> 我们不是神仙，在生活中无法做到兼顾一切，顾此失彼、无心之言、无心之举都有可能导致家人误解或者邻里矛盾，使双方都陷入生气的漩涡中无法脱身。
>
> 倾听、思考、理解、互助，是消除这种漩涡的不二法宝。我们常见到蛮不讲理的邻居和固执偏见的家人，其实一个巴掌拍不响，我们需要先完善己身，再达他人，千万不要顺着对方的负面情绪去发挥，而是要反其道行之，平和自己，冷静对方，然后用有效的沟通和积极的行动去达成一致。

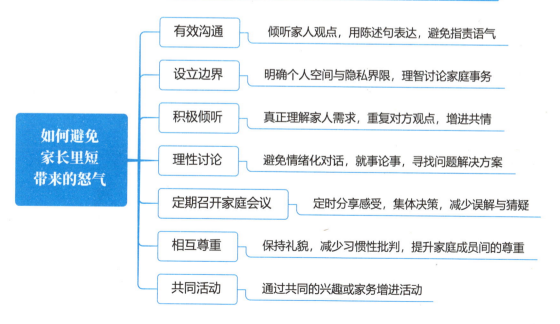

自我意识：情绪的第一道防线

自我意识是避免生气的第一道防线，意味着我们需要深刻地认识自己的情绪，并学会在情绪波动时及时觉察和调整。生气往往源于对外部事物的不满或不符合自己的期待，但如果我们有足够的自我意识，就能在情绪爆发前捕捉到内心的波动，从而选择以更理智、平和的方式应对。这种自我觉察不仅能帮助我们控制愤怒，更能培养内在的平和与冷静，使我们在面对挑战时能够保持清晰的思考和判断。因此，提升自我意识，就是在构建一道坚实的心理防线，防止生气的情绪无节制地蔓延，影响我们的心态与生活。

最近一段时间，赵飞发现自己的脾气变得异常暴躁，一点儿小事就能点燃他的怒火。这不仅影响了团队的氛围，也让他的创意灵感逐渐枯竭。

某日，赵飞的顶头上司又一次提出紧急修改方案的要求，而这次的改动在他看来完全是没必要的。愤怒的火苗瞬间在他心中燃起，正准备发作之时，他突然记起上周参加的一场名为"情绪智慧"的活动。讲师的话语仿佛在耳边响起："自我意识是避免生气的第一道防线，学会在情绪波动时及时觉察并调整，这是自我成长的关键。"

又要改，没完没了，我受不了了。

赵飞尝试用工作坊中学到的呼吸法来平复情绪。他意识到，这次的愤怒其实源于对自身能力的不确定，以及对完美主义的过度追求。他开始问自己："这次修改真的那么不合理吗？还是我对自己的期望过高了？"经过一番内心的对话，赵飞的怒气逐渐平息，取而代之的是一种释然和平和。

赵飞决定清晰、冷静地阐述自己的设计理念和对修改的看法。这次沟通不仅让上司理解了他的立场，还对他的专业态度表示赞赏。

当外界的负面因素冲击我们时，自我意识就会出来保护自己，生气也是一种应对方式，但却是最不可取的。所以，我们平时要加强锻炼自己的自我意识，用它去抵御负面情绪冲击，而不是顺其而为产生更多的怒气。

提升自我意识是一个持续的过程：首先，你可以定期进行自我反省。每天花些时间回顾自己的行为、情绪和决策，思考是否有改进的地方。比如，在一天结束时，你可以问问自己："今天我有哪些做得好和不好的地方？"其次，积极寻求反馈也是一个有效的方法。与他人交流，了解他们对你的看法和建议。此外，接受挑战并尝试新事物也能帮助你提升自我意识。当你面对新的情境和任务时，你会更清楚地认识到自己的能力和局限。最后，保持开放的心态和学习态度也是关键。随着你的经验和知识的增长，你对自我的认识也会不断深化。

作为某公司的一名员工，郑林每当遇到不如意的事情，他的脸色就会瞬间阴沉下来。在公司，同事们总是小心翼翼地与他交往。

有一天，郑林因为一个小错误被上司批评了。他感到非常愤怒，正当他准备冲进上司的办公室大吵一架时，他遇到了公司里的一位老员工王先生。

王先生看出了郑林的愤怒。他拉住郑林，耐心地听他抱怨和发泄。等郑林冷静下来后，王先生说："生气并不能解决问题，反而会让事情变得更糟。你需要提升自我意识，学会控制自己的情绪。"

郑林深受触动，他决定接受王先生的建议，开始努力改变自己。他首先从自我反思开始，每天都会回顾自己一天的行为。他思考自己为什么会生气，是不是因为对某些事情的看法过于偏激。

郑林还主动向同事和朋友们寻求反馈。他开始虚心接受别人的批评和建议。随着时间的推移，郑林的自我意识得到了极大的提升。他学会了以平和的心态面对问题，不再轻易生气和发火。

　　当我们更加了解自己的内心世界时，我们就能够更好地管理和控制自己的情绪。通过增强自我意识，我们可以更早地察觉到内心的波动，从而在情绪升级之前采取冷静和理智的行动。这不仅有助于维护和谐的人际关系，避免因愤怒而造成的冲突和误会，还能够促进个人的心理健康。自我意识强的人更容易接受并处理负面情绪，他们懂得如何调整自己的心态，以更积极、更乐观的态度面对生活中的挑战。

提升自我意识的好处

情绪日记	记录每日的情绪变化，识别触发生气的模式与原因
正念练习	通过正念冥想，增强当下意识，减少自动化情绪反应
自我反思	定期回顾自身行为与反应，理解内心需求与期望
身体感知	关注身体信号，如紧绷感，作为生气预警，及时调整
设定意图	每日设定积极意图，如保持冷静引导行为方向
积极心态	专注于积极面，培养感恩态度，减少消极情绪的累积
专业辅导	寻求心理咨询，专业指导下探索自我，改善情绪管理

同理心：避免生气的法宝

避免生气，同理心是一把重要的钥匙。同理心意味着我们能够设身处地感受和理解他人的情感和处境。当我们面临冲突或触发愤怒的情况时，运用同理心可以帮助我们冷静下来，深入思考对方的立场和感受。通过尝试站在他人的角度看待问题，我们能够更加客观地分析形势，减少误解和偏见。当我们学会以同理心对待他人时，我们会发现，原本可能引发愤怒的事情变得不再那么令人激动，而我们也能够更加和谐地与他人相处。

汉高祖刘邦在建立汉朝之前，曾经历过许多艰难险阻。有一次，他遭遇了敌军的追击，情况十分危急。

为了逃脱敌军的追捕，刘邦不得不藏身于一个偏僻的农庄。农庄的主人为了保护自己，对刘邦等人态度冷淡，甚至出言不逊。刘邦的随从们都感到非常气愤，想要与农庄主人理论。

你们这些人，为何来我这里？快走，别给我添麻烦。

我们只是过客，不会为难您的。

你这人怎么这样无礼？我们主公是……

　　然而，刘邦却制止了他们。他明白农庄主人的担忧和恐惧，并没有因为对方的态度而生气。相反，他以一种平和、理解的态度与农庄主人沟通，表达了自己的感激之情，并承诺一旦摆脱困境，必将重谢。

　　农庄主人被刘邦的诚意所打动，最终同意帮助他们躲避敌军的追捕。刘邦的这种以同理心待人的态度，不仅化解了一场潜在的冲突，还赢得了农庄主人的信任和帮助。

　　正是因为刘邦能够以同理心去理解他人的处境和感受，从而避免了不必要的争执和冲突。这种态度对于他日后的成功和汉朝的建立都产生了深远的影响。

　　很多时候，单方面的生气是自寻烦恼，而双方对立都生气则会引发冲突。无论哪种情况，换位思考都是难能可贵的，同理心的前提是拥有强大的自控能力，不能第一时间就怒气冲天。同理心是包容和接受的前提，是避免生气的不二法宝。

　　要培养同理心，可以从日常生活中的小事做起。比如，在与朋友聊天时，认真倾听他们的故事和情感，不打断也不急于给出建议，只是陪伴和理解。当看到同事因为工作压力而疲惫不堪时，可以主动询问他们的感受，并提供一些安慰和支持。在公共场合，看到有人遇到困难或需要帮助时，可以主动伸出援手，给予关心和协助。

最重要的是，当对方正处于怒气之中，或者对方言行冒犯的时候，站在对方的立场思考一下对方生气的缘由，快速、冷静地分析解决的办法，从而加快同理心的养成。

李薇走进咖啡馆，正当她走向柜台时，一位年轻的服务员小杰，不小心将刚冲好的咖啡洒在了她的连衣裙上。小杰紧张得几乎说不出话来，而李薇的第一反应是惊讶与不悦。

就在气氛即将凝固的瞬间，李薇想起了自己参加过的那个关于"培养同理心"的活动。讲师的话语在她的脑海中回响："当我们感到愤怒时，试着换位思考，理解对方的处境。"

李薇微笑着对小杰说："没关系的，大家都有手忙脚乱的时候，我自己也经常不小心弄脏衣服。"她注意到小杰的手还在颤抖，便轻声问道："这是你的第一份工作吧？"小杰点了点头，眼神中满是歉意和不安。

李薇提议："这样吧，我去洗手间简单处理一下，你帮我重新做一

杯咖啡，这次我们都小心点儿，怎么样？"她的语气温暖而包容，小杰感激地点了点头。

当李薇回到座位时，小杰端来了两杯精心制作的咖啡，并附赠了一块小蛋糕，诚恳地说："真的很抱歉，这块蛋糕是我请您的，希望您能喜欢。"李薇笑着接受了这份心意。

俗话说，己所不欲勿施于人。当我们因为某些原因动怒生气时，势必会给对方造成伤害，这种伤害会反弹给我们自身。相反，如果我们用同理心去看待事物思考问题，就可以预知即将到来的怒气风暴，从而避免坏情绪的发生。一旦双方都具备同理心，那就变成了一种相互理解的状态，那么，平日里生活的摩擦以及工作中的误解都会消失无形。

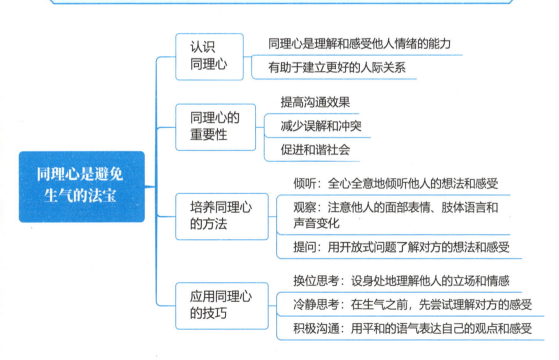

第二章
转变心态——培养平和与宽容

　　虽然生气是难以避免的一种情绪，但它并不仅仅是负面的。只要我们控制并转变我们的心态，生气也可以随之转变为正面情绪，推动我们做出正确的判断和行动。因此，我们要试着去剖析生气的本质，转变自己的心态，培养自己平和与宽容的特质。

积极心态的力量

生气不仅仅是情绪上的波动，它往往伴随着一系列复杂的心理变化。在生气的那一刻，人们可能会体验到一种"正义感"的高涨，认为自己有权利对某些人或事表示不满。这种心态背后隐藏着一种对控制感的渴望：试图通过生气来改变现状，让外界符合自己的期待。然而，生气也常常伴随着认知偏差，比如过分夸大问题的严重性，或是只关注负面细节而忽视了全局。

早晨，小李像往常一样匆匆赶到办公室，准备开始新一周的工作。然而，他刚坐下不久，就遭遇了一系列的麻烦。

首先，他的电脑毫无预兆地黑屏了，所有的文件、数据都消失不见了。他焦急地重启，但屏幕依然一片漆黑。小李紧锁着眉头，双手在桌面上无力地敲打，心中充满了愤怒和无奈。

紧接着，在与同事小张的沟通中，由于误会和沟通不畅，小李被指责为对工作不负责任。小张的话像针一样扎在小李的心上，他感到自己的尊严被严重践踏。一时间，他的脸涨得通红，双拳紧握，牙齿咬得"咯咯"作响。

愤怒的情绪在小李心中迅速蔓延开来，他感觉自己就像一只被困在笼子里的野兽，无法挣脱束缚。

完了，电脑怎么黑屏了？所有的工作资料都在里面！

然而，小李知道，如果继续这样下去，只会让事情变得更糟。于是，他努力让自己冷静下来。

经过一番努力，小李终于让自己的心情平复了下来。他重新打开电脑，寻找数据恢复的方法。同时，他也主动找到小张，解释误会，修复关系。

电脑坏了，你也针对我，气死我了！

显然，故事中的小李十分生气，已经无法理性地思考问题，并且在无意识中通过生气来逃避现实：没有及时修复损坏的电脑，将工作中合理的分歧当作同事的无端针对。幸运的是，小李及时地意识到了问题所在，并且快速采取了积极的心态去面对。

针对生气这种情绪，我们必须要保持一种积极的心态。也就是说，我们要认识到生气是一种正常的情感反应，但同时也能主动寻找问题的根源，而不是沉溺于负面情绪中。积极的心态主要是控制情绪和冷静思考，控制情绪是前提，可以塑造思考的有利环境，是及时止损的首要条件；冷静思考则是寻求解决方案的关键因素，是将生气转为动力的必要条件。当这两种心态齐备时，我们才能客观地看待生气的原因以及随之而来的解释或者自我批评，从而快速有效地消除怒气。

总之，积极的心态决定正面、有效的行动，是一种高级的情感智慧的体现。

"东坡居士"苏轼的仕途并不平坦，他多次遭遇贬谪，使他心生怒气。

苏轼曾因一篇政论文章触怒了当权者，被贬至偏远的黄州。初到黄州时，他望着那陌生的土地和简陋的住所，心中充满了愤懑和不平。

然而，苏轼并没有就此沉沦于消极的情绪中。他深知，愤怒和抱怨无法改变现状，只会让自己更加痛苦。于是，他开始寻找生活的乐趣和积极的力量。

苏轼穿上布衣，戴上斗笠，走出书房，深入田间地头，与当地的农民交流。他观察到农民们虽然生活艰辛，但他们依然保持着乐观和坚韧的精神。他们日出而作、日落而息，用自己的双手辛勤耕耘，期待着来年的丰收。这种朴素而坚韧的生活态度让苏轼深受触动。

在黄州，苏轼将自己的情感寄托于诗词之中。他写下了许多描绘自然和生活的佳作，如《赤壁赋》《水调歌头》等。这些诗词不仅表达了他对自然的热爱和对生活的感悟，也体现了他积极面对困境的心态。

生活中的诸多不如意或者失败总是让人生气、沮丧，积极的心态能让人重拾信心。生气是一种负面情绪，但也可以成为行动的推动力，前提就是具备积极的心态。它能让我们理性地分析导致生气的原因，然后采取正确的行动来将之纠正。虽然苏东坡被贬，但他并没有消极沉沦，而是生气之后依然乐观向上，在被贬之地做出了一番事业，写出了流传后世的诗词，他的一句"老夫聊发少年狂"正是积极心态的写照。

培养积极的心态

- **正面思考**
  - 关注积极面：将注意力集中在生活的积极事物上
  - 转变思维模式：将问题视为成长的机会，避免过度负面解读

- **积极的情绪管理**
  - 情绪识别：学会识别自己的情绪，并理解其来源
  - 情绪调节：采用深呼吸、冥想等方法，调节消极情绪，培养积极情绪

- **健康的生活方式**
  - 均衡饮食：保持营养均衡
  - 规律运动：定期参与体育锻炼，提高身体素质和心理健康
  - 充足的睡眠：确保每晚有足够的睡眠时间，以恢复精力

- **培养乐观的心态**
  - 感恩的心态：学会感恩，珍惜现有的生活和资源
  - 幽默感：培养幽默感，以轻松的方式应对生活中的挑战
  - 积极的自我暗示：经常对自己进行积极的自我暗示，提高自信心

宽容：释放愤怒的钥匙

当我们遭遇愤怒与冲突时，宽容如同一把神奇的钥匙，轻轻一转，便能打开愤怒的枷锁。

当我们在拥挤的公交车上不小心踩到别人的脚时，一句简单的"对不起"和宽容的微笑，往往能够化解对方的愤怒，让紧张的气氛瞬间缓和。

在家庭生活中，夫妻之间难免会因为一些琐事而产生争执。如果双方都能够以宽容的心态去对待对方的过错，不斤斤计较，而是选择原谅与理解，那么这样的家庭将会充满温馨与和谐。宽容可以让夫妻之间的爱更加深厚，也让家庭成为我们心灵的港湾。

这就是宽容的力量，它能够让我们在冲突面前保持冷静与理智，避免不必要的争执与伤害。

有一天，老张家的猫溜进了老李家的院子里，打翻了老李的几盆花草。老李看到院子里一片狼藉，心中顿时涌起一股愤怒，于是决定去找老张理论。

老张听到指责后，急忙解释说愿意赔偿老李的损失，并向老李道歉。老李觉得老张的道歉不够真诚，赔偿也无法弥补。他决定与老张冷战，不再与他交流。在接下来的几天里，老张多次尝试与老李沟通，但都被老李拒绝了。

看你的猫干的好事，你知道它毁了我多少心血吗？

对不起，对不起，我一定赔偿你。

就在这时，老李的母亲突然病倒，需要紧急送往医院。老张刚好路过老李家门口，看到了慌张的老李和病重的母亲。他毫不犹豫地停下了脚步，并走上前主动帮忙。他开车将老李的母亲送往了医院。经过紧急治疗，老李的母亲终于脱离了危险。

事后，老李向老张道谢。他意识到，自己之前的愤怒和冷战是多么愚蠢。他向老张道歉，并感谢他在关键时刻的帮助。

这次经历让老李深刻地体会到了宽容的力量。在面对冲突和矛盾时，如果能够用宽容的心态去对待他人，不仅能够化解愤怒，还能让彼此之间的关系更加深厚。

> 宽容，即包容和理解，故事里的老张本是亏欠老李的，但老李的不理智让他自己成为更大的受损方。而老张的歉意转化成了包容与理解，并在关键时刻帮助了老李，最终二人和好如初。可见，化解愤怒的最好方法就是宽容。

那么，我们应该如何把握好宽容这把钥匙呢？首先，我们需要经常换位思考，尝试理解他人的观点和感受，设身处地地想象他们的处境，这样才能更加宽容地接纳不同的声音和观点。其次，我们要学会控制自己的情绪，遇到不如意的事情时保持冷静，不轻易发脾气，以平和的心态去面对挑战。此外，我们还要多倾听他人的意见和建议，虚心接受批评，而不是一味地指责和抱怨。最后，我们可以通过阅读经典书籍、参与社交活动等方式，提升自己的修养和见识，从而更加深刻地理解宽容的内涵，并将其内化为自己的品质。

张智正在花园里修剪花草，突然，邻居家的小孩小明不小心将足球踢进了他的花园里，恰好砸中了他刚培育出的一株珍贵花卉。

张智怒气冲冲地走向邻居家，当他走到邻居家门口时，却看到了这样一幕：小明的母亲正在教育小明。

张智心中的怒火逐渐平息。他敲开了邻居家的门，小明的母亲立刻带着小明向他道歉。小明说："张叔叔，对不起，我下次会小心的。"看着小明稚嫩的脸庞和诚恳的态度，张智心中的怨气烟消云散。

回到家中，张智意识到，如果当时自己选择了宽容和谅解，不仅可以避免一场不必要的争执，还能让邻里之间的关系更加融洽。于是，张智决定努力培养宽容的品质。

张智开始尝试用宽容的心态去面对生活中的不如意。当同事在工作中犯了错误时，他不再一味指责，而是主动提供帮助；当朋友因为误会而疏远他时，他不再耿耿于怀，而是主动沟通解释。

随着时间的推移，张智逐渐变得温和而宽容。他的变化不仅赢得了周围人的尊重和喜爱，还让他自己的生活变得更加轻松温馨。

> 培养宽容的品质，是一个逐步内化的过程，需要从自我反思开始。首先，自我觉察至关重要，意识到自己在特定情境下的反应，特别是评判和不满的瞬间，停下来深呼吸，给自己一个缓冲，思考是否有必要如此严格要求。其次，我们还需要增加对世界的认知广度，减少因无知而导致的偏见，在实践中接纳他人。

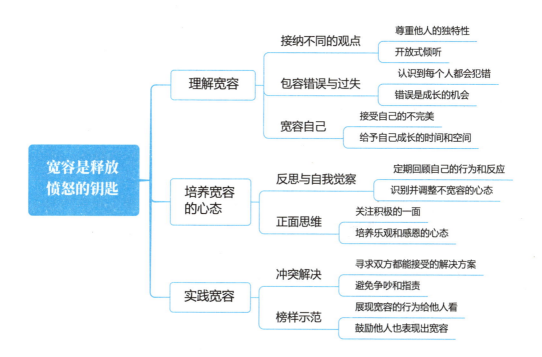

学会感恩，减少抱怨，增加满足感

当我们学会感恩时，就会开始关注那些曾经帮助我们、给予我们支持的人和事。这种关注会让我们更加珍惜现有的生活状态，从而减少对生活中琐碎问题的抱怨和生气。当我们把注意力放在积极、正面的事物上时，自然就能够减少消极情绪的产生。当我们感恩他人的帮助和付出时，就会更加容易理解他人的处境和感受。这种同理心会让我们在面对他人的错误或不足时，更加宽容和包容，而不会轻易地产生愤怒和生气。通过增强同理心，我们能够更好地与他人相处，减少冲突和矛盾的产生。

陆游早年时期科举不顺，又因力主抗金而多次遭到排挤。面对不公与挫折时，他没有沉溺于愤怒与抱怨。在被贬谪的日子里，陆游常漫步于田园山水之间，与民为伍，体验农耕之乐。他在《游山西村》中写道："山重水复疑无路，柳暗花明又一村。"这不仅是对自然美景的赞美，也是对生活困境中总能找到希望的乐观态度，体现了他对生命中每一次际遇的感恩。

山重水复疑无路，柳暗花明又一村。

到了晚年，陆游退居家乡，尽管心中仍有遗憾，但他没有将这种情绪转化为对社会的不满与愤怒，而是化笔为剑，以诗抒怀。他的诗词中，既有对国家兴亡的忧虑，也有对平凡生活的热爱与珍惜，如《示儿》中表达了对子孙后代的期许，以及对国家统一的坚定信念。这种对未来的希望，是他对国家、对文化传承的深切感恩，也帮助他超越个人得失，减少对外界的怨气。

虽年老多病，仍感恩家国。

陆游还十分重视家庭与亲情，家庭的温馨成了他心灵的避风港，让他在动荡的世事中寻得安宁，进一步减少了因外部环境带来的负面情绪。

> 陆游的一生，是通过感恩来调适内心、减少生气的生动例证。他感恩于自然的馈赠，感恩于文化的滋养，也感恩于家庭的温暖，这些都成为他抵抗挫折、保持内心平和与积极向上的重要源泉。在诗文创作中，陆游将这份感恩之情转化为对生活的深刻理解与热爱。

感恩是一种积极向上的情感表达，当我们对他人或生活中的事物表达感激之情时，我们往往会更加关注自己所拥有的，而不是所缺少的。这种心态能够让我们更容易产生满足感，因为我们会更加珍惜自己所拥有的，自然也就不再有太多怨气。

感恩也有助于我们建立积极的人际关系。当我们对他人的帮助和付出表示感激时，我们不仅能够加深与他人的情感联系，还能够获得他人的认可和支持。

吴宏的生活并不富裕，为了生活，他每天都要辛勤劳作。尽管如此，他的脸上总是挂着温和的笑容。周围的人们都很奇怪，为什么吴宏能保持满足感和幸福感。

初春，正值播种季节，雨水异常稀少，眼看作物就要枯萎，周围的人都愁眉不展，吴宏却显得格外平静。他每天傍晚收工后，都会在田埂上坐下，望着干涸的土地，心中默念：感谢这片土地，即使在最艰难的时候，也会给予我们生长的希望。

感谢这片土地，即使在最艰难的时候，也会给予我们生长的希望。

不久，周围的人开始抱怨天公不作美，吴宏却开始组织大家，一起修缮灌溉系统，用有限的水资源尽量挽救作物。他总说："我们能做的还有很多，感谢这份挑战让我们团结一心。"在他的带动下，人们的心态也渐渐转变，开始积极应对困难。

那年秋天，虽然收成不如往年丰盛，但足以让人们渡过难关。丰收那天，吴宏在村中心的大树下召集了所有人，他手里拿着一束稻穗说："今年虽然不易，但我们应该感谢每一滴汗水，感谢这片土地的坚持，感谢彼此的互助与支持。"

今年虽然不易，但我们应该感谢每一滴汗水，感谢这片土地的坚持，感谢彼此的互助与支持。

生气，大多数时候是因为"得不到"，其实我们可以冷静地想想，是"得不到"还是"不应得"。毕竟人的欲望是无穷尽的，但人的能力是有限的，被欲望支配，就会追逐不切实际的目标，就无法得到满足感，就会不断地抱怨、生气。只有心怀感恩，才能懂得适可而止，不被欲望蒙蔽，才能对所拥有的感到满足。俗话说，知足得安宁，贪心易招祸，知足者内心平和，生活和美；贪心者内心愤懑，招致祸端。

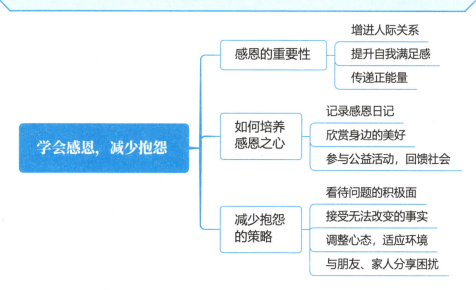

保持正念：平和宽容的基础

保持正念是指将注意力集中于当前正在经历的事物，对内心涌现出的任何想法、感受保持清醒的觉知，并且不加以任何评判。它要求我们以一种非评判性的态度来观察、体验生活中的每一个瞬间。

保持正念是全心全意地投入到当前的活动中。这种专注的状态有助于我们更好地认识自己，理解自己的需求和欲望，从而做出更明智的决策。

保持正念不仅能够帮助我们应对生活中的挑战和压力，还能提高我们的专注力和创造力，让我们更加高效地完成工作和学习任务。同时，它还能增强我们的内心力量，让我们在面对困难和挫折时更加坚韧不拔。

李晨是一位老师，他曾时常感到焦虑与不满，小到学生的吵闹，大到课程进度的延误，都可能成为他生气的导火索。然而，一次偶然的机会，李晨接触到了正念冥想。

起初，李晨对正念持怀疑态度，但在朋友的鼓励下，他决定每天早上起床后和晚上睡前各抽出十分钟，进行正念冥想。他闭上眼睛，

练习保持正念，增进平和宽容。

将注意力集中在自己的呼吸上，每当思绪飘远时，他就轻轻地将其拉回，不带评判地观察每一个念头。

坚持了几周后，李晨的情况开始发生变化。一次，学生在课堂上制造了不小的混乱，按照以往，他可能会立即大声斥责。但这次，他在即将爆发的瞬间，先是深呼吸，随后在心中默念："接受而非抵抗。"他平静地走到学生旁边，轻声询问原因，原来学生是因为家庭问题而分心。李晨耐心地听了他的倾诉，给予了理解和鼓励，课堂上的气氛也因这份理解和包容而变得温馨。

李晨还引导学生在课前进行简短的呼吸练习，帮助他们集中注意力，减少课堂上的浮躁。这样的小练习让他们感觉更放松，学习效率也提高了。

通过持续的正念实践，李晨不仅改善了自己的情绪管理，也影响了周围的人。他的课堂变得更加和谐，家庭关系也更加融洽。他深刻地体会到，保持正念，就是在生活的每一刻都全然地活着，不被过去的遗憾和未来的担忧所束缚，从而在当下找到内心的平静与喜悦。

保持正念，首要在于日常的实践与觉察。每天抽出一定的时间进行正式练习，如静坐冥想，专注于呼吸，让杂乱的思绪随风而逝。其次，将正念融入生活的每一刻：吃饭时，细细品味每一口食物的味道与质感；走路时，感受脚步与地面的每一次接触。面对情绪波动，学会不作评判地观察，接纳而不抗拒当下的感受。

记住，保持正念非一日之功，遇到困难或分心时，试着把自己引回当下，正如对待朋友般对待自己。通过持续练习，正念将成为生活的自然状态，引导我们更加平和、清晰地过好每一天。

朱熹生活在南宋时期，他是一位倡导正念修行的先驱。他强调"格物致知"，认为通过观察事物的本质，可以达到内心的明净与智慧的增长，这与现代正念的概念不谋而合。

朱熹在白鹿洞书院讲学期间，不仅传授经典学问，还特别注重学生的品德修养和心灵成长。他鼓励弟子们在日常生活中实践"静坐"，即通过静心冥想，观察自己的呼吸，让纷扰的思绪沉淀，达到心无旁鹜的状态。这种修行方式旨在培养弟子们的自我觉察力，学会在任何情境下都能保持内心的平和与清醒。

一日，朱熹与弟子们在溪边散步，溪水因雨季而湍急，不少鱼儿被冲上岸。弟子们见状，纷纷兴奋地跑去捉鱼，只有朱熹一人静静站立，凝视着溪流。弟子们感到十分不解，于是询问原因。朱熹答道："鱼儿离水，本是自然现象，无须人为干预。我们应当在此刻观察水流、鱼跃，体会自然之妙，而非被外物所动，失去内心的平静。"弟子们听后若有所悟，纷纷放下手中的鱼，一同静观自然，体验那份由内而外的宁静与和谐。

静心修身，保持清静平和。

勿为外物所动，
保持内心平静。

　　正念的积极作用在于它能帮助我们更好地管理情绪，减少焦虑和压力。通过专注于当下，我们能够更清晰地认识自己的内心需求，做出更明智的决策。同时，正念还能提高我们的专注力和创造力，使我们更高效地应对工作和学习中的挑战。最重要的是，正念使我们能够以一种更加积极、开放的态度面对生活，从而减少很多不必要的生气行为，对身心健康有极大的益处。

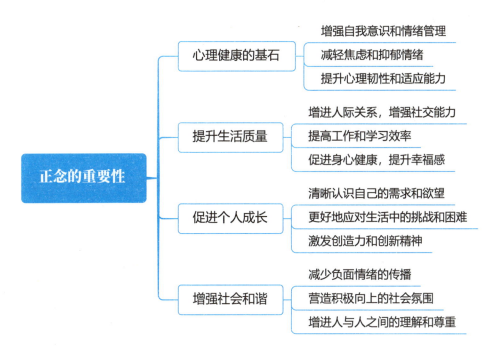

正念的重要性

- 心理健康的基石
  - 增强自我意识和情绪管理
  - 减轻焦虑和抑郁情绪
  - 提升心理韧性和适应能力
- 提升生活质量
  - 增进人际关系，增强社交能力
  - 提高工作和学习效率
  - 促进身心健康，提升幸福感
- 促进个人成长
  - 清晰认识自己的需求和欲望
  - 更好地应对生活中的挑战和困难
  - 激发创造力和创新精神
- 增强社会和谐
  - 减少负面情绪的传播
  - 营造积极向上的社会氛围
  - 增进人与人之间的理解和尊重

乐观思维的培养

　　乐观情绪对于个人的心理健康和社交关系具有不可估量的价值。它促使人们以积极的角度看待挑战，将困难视为成长的契机，而非不可逾越的障碍。乐观主义者在面对逆境时，更倾向于寻找解决方案，而不是沉溺于问题本身。这种态度大大减轻了压力与焦虑，提升了情绪的稳定性。

　　对于生气这一情绪而言，乐观心态起到了缓冲与调节的作用。当那些乐观的人遇到令自己不满或愤怒的事件时，他们能够更快地从情绪低谷中恢复。用更广阔的视角审视问题，从而避免情绪的过度爆发。他们倾向于采用建设性的沟通方式解决问题，而非通过争吵或攻击性行为表达不满。

　　苏洵曾对科举之路充满憧憬，但连续几次考试的失利，加之家道中落，使他深陷挫败与自责之中，情绪一度低落。在一个阴雨绵绵的午后，苏洵独自漫步于乡间小道，心中满是苦涩。

　　这时，苏洵偶遇一位在雨中悠然垂钓的老翁，老翁虽久未得鱼，却面带笑容，显得异常平和。苏洵上前问道："老人家，如此风雨，鱼儿怕是不上钩，您为何还这般欢喜？"老翁笑

家道中落，屡试不中，难道是命中注定？

答："钓鱼之乐，不在鱼而在钓也。享受的是这份等待与期待的心情，人生亦是如此，乐在过程，而非结果。"老翁的话如同一道光，照亮了苏洵心中的迷雾。

受此启发，苏洵开始转变心态，他意识到，与其沉浸在过往的失败中，不如乐观面对，享受学习与成长的过程。从此，他闭门不出，潜心研读，以乐观的情绪为伴，把每一次挫折都视为通向成功的阶梯。苏洵还在书房挂了一副自题的对联："发愤识遍天下字，立志读尽人间书。"这不仅仅是对知识的渴求，更是他乐观面对挑战的决心。

保持乐观，笑对风雨，鱼自然会上钩。

乐观情绪能够激发内在的积极性和创造力，帮助个体在工作和生活中保持高效与热情，形成良性循环，进一步减少因挫败和失望导致的负面情绪。总之，乐观不仅是一种生活态度，更是一种强大的心理资本，它能够有效地抵御人们心中的愤怒与不满。

想要培养并保持乐观的情绪，关键在于将乐观的态度融入日常生活中。首先，要学会积极地看待问题。遇到挑战和困难时，不要过分关注负面因素，而要努力寻找其中的积极面，从中学习并成长。保持一种"这虽然是个挑战，但也是一个成长的机会"的心态。

其次，培养兴趣爱好，让自己有更多快乐的源泉。参与那些能够让你感到快乐和满足的活动，比如运动、阅读、艺术等。这些活动能够转移注意力，让你在忙碌和压力中找到平衡。

此外，保持健康的生活方式也很重要。规律的运动、均衡的饮食和充足的睡眠能够提升身体和心理的健康水平，让你更有能力面对生活中的挑战和困难。

李白年轻时就踏上了游历四方的旅程。在一次前往江南的旅途中，他遭遇了一场突如其来的洪水。原本计划好的路线被打断，行李和财物也在混乱中遗失了。身无分文的李白站在江边，看着波涛汹涌的江水，心中却并没有绝望。

李白开始四处流浪，以诗歌换取食物和住宿。他走进田间地头，与农民们一同劳作，听他们讲述生活的艰辛和喜悦；他走进市集，与商贩们交流，观察他们如何为生计而奔波。

在流浪的日子里，李白结识了许多朋友。他们或许只是普通的百姓，但他们的乐观和坚韧让李白深受感动。他们告诉李白，生活虽然充满了困难和挑战，但只要保持一颗乐观的心态，就能找到前进的动力。

由于受到他们的启发，李白开始用诗歌记录自己的所见所闻和所思所感。他写下了《行路难》这样的作品，表达了自己在困境中依然保持乐观和坚强的精神。这些诗歌不仅抒发了他自己的情感，也激励了无数读者，让他们在面对困难时也能保持积极向上的态度。

> 行路难，行路难，多歧路，今安在？长风破浪会有时，直挂云帆济沧海。

要学会宽容和接纳自己。每个人都有不完美的地方，不要过分苛求自己。学会宽容和接纳自己的不足，同时积极寻求改进的方法，这样的态度能够让你更加自信和乐观。

总之，培养并保持乐观的情绪需要我们在日常生活中不断实践和努力。通过积极看待问题、保持感恩心态、培养兴趣爱好、保持健康的生活方式以及宽容并接纳自己，我们可以逐渐培养并保持乐观的情绪，让生活更加美好。

培养乐观情绪

- **积极心态调整**
  - 正面思考：关注问题的积极面，避免过度负面解读
  - 自我肯定：经常鼓励自己，肯定自己的价值和能力
- **情绪管理**
  - 识别情绪：学会识别并理解自己的情绪
  - 表达情绪：以健康的方式表达情绪，避免压抑或爆发
  - 应对情绪：采取积极策略应对负面情绪，如深呼吸等
- **建立支持系统**
  - 与乐观的人相处：受到他们积极态度的影响
  - 寻求支持：与亲朋好友分享情绪，寻求他们的理解和帮助
- **培养兴趣爱好**
  - 发掘兴趣：探索并培养自己的兴趣爱好
  - 投入热情：将热情和精力投入到自己热爱的事物中
  - 加强理解：增进人与人之间的理解和尊重

原谅自己，别和自己过不去

　　生活中，生气是在所难免的，而生气后原谅自己才是智慧的处理方式。人非圣贤，孰能无过，情绪失控也是人之常情。原谅自己，意味着接受自己的不完美，这是自我成长的开始。它有助于我们避免陷入自我苛责的漩涡，减轻心理压力，恢复内心的平和。同时，原谅自己也是自我宽恕的体现，它让我们更有勇气面对自己的不足，并激励我们努力改进。因此，在生气时，学会原谅自己，不仅是一种智慧，也是一种力量。

　　唐朝时期，狄仁杰一直致力于维护朝廷的稳定和百姓的福祉。然而，在他的职业生涯中，也曾犯下过一些错误。

　　有一次，狄仁杰在处理一起案件时，错误地指控了一位无辜的百姓，让这位百姓遭受了牢狱之灾。当狄仁杰意识到自己的错误时，他内心充满了愧疚和自责，他决定采取行动来弥补自己的过失。

我怎能如此无能，如此疏忽？

　　狄仁杰首先向皇帝坦诚地承认了自己的错误，并请求皇帝允许他重新审理此案。皇帝对狄仁杰的诚实和勇气表示赞赏，并同意了他的请求。于是，狄仁杰立即着手重新调查此案。他亲自走访现场，收集证据，询问证人，力求还原真相。

　　经过一番努力，狄仁杰终于查清了案件的真相，并立即将真凶捉拿归案，并为那位无辜的百姓洗清了罪名。他还亲自前往那位百姓的家中，向他道歉并赔偿了他的损失。

狄仁杰原谅了自己，内心得到了解脱。他继续以公正无私的品格和卓越的智慧为朝廷和百姓作出了许多杰出的贡献，成为一代名臣。

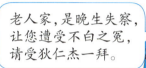

老人家，是晚生失察，让您遭受不白之冤，请受狄仁杰一拜。

使不得啊，万万使不得啊。

当我们生气时，意识到自己存在过错的时候，就是需要原谅自己的时候。原谅自己和承认错误不一样，原谅自己需要更大的勇气，正如故事中的狄仁杰一样，他先是意识到错误，随后生气懊恼，紧接着开始自省并纠正错误，最终选择原谅自己，这个过程需要正视自己、批评自己的勇气和理性。

当错误或挫折出现时，我们很容易陷入自责和懊悔的情绪中。但原谅自己是至关重要的，它能帮助我们重新调整心态，继续前行。首先，要明白犯错是人之常情，没有人能做到完美无缺。我们需要接受自己的不完美，并从中吸取教训。其次，不要过度沉溺于自责之中，这只会让我们更加沮丧。相反，我们应该将注意力转移到如何解决问题上，寻找改进的方法。同时，保持积极的心态和健康的生活方式，有助于我们更好地应对生活和工作中的挑战，每一次原谅自己都是一次成长。

　　吴磊在准备会议材料时，不小心将一份关键的报告遗漏了。他看着会议室里那些期待的眼神，心中充满了愧疚和自责。

　　会议结束后，吴磊独自一人坐在办公室里，他的心情低落到了极点。他不停地责备自己，觉得自己一无是处。然而，就在这时，他想起了导师曾经告诉过他的一句话："在工作中，犯错是人之常情，重要的是如何面对和解决。"

我怎么会遗漏了关键报告呢？我太无能了。

　　吴磊意识到，自己不能一直沉溺在自责中，这样只会让自己更加沮丧和无力。吴磊决定原谅自己，接受这个错误，并从中吸取教训。

　　吴磊开始冷静下来，仔细分析自己犯错的原因。他发现，自己在准备会议材料时过于匆忙，没有仔细检查每一项内容。他决定以后在工作中要更加细心和认真，避免类似的错误再次发生。

原谅自己之后，生活工作变得豁然开朗。

　　同时，吴磊也意识到，自己需要保持积极的心态和健康的生活方式。他决定每天抽出时间进行锻炼，以缓解工作压力和焦虑情绪。他还开始学习一些新的技能和知识，以提升自己的工作能力和竞争力。

当我们意识到自己犯错时，生气是必然的，随之而来的还有对自己的否定。我们应该去否定错误的行为和方法，而不是去否定自己的能力甚至人格。正确地认识错误是原谅自己的唯一开端，积极地纠正错误是原谅自己的必要过程，吃一堑长一智是原谅自己之后的收获。原谅自己是消除生气、从错误行为和思想中汲取动力的心态基础。

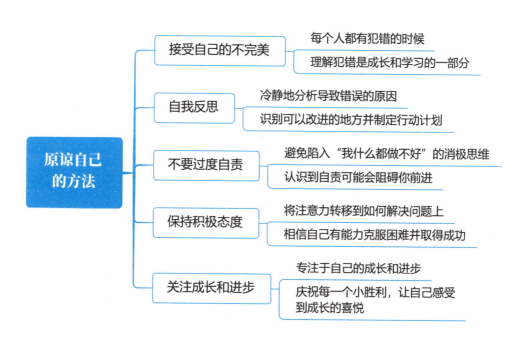

原谅自己的方法

- 接受自己的不完美
  - 每个人都有犯错的时候
  - 理解犯错是成长和学习的一部分
- 自我反思
  - 冷静地分析导致错误的原因
  - 识别可以改进的地方并制定行动计划
- 不要过度自责
  - 避免陷入"我什么都做不好"的消极思维
  - 认识到自责可能会阻碍你前进
- 保持积极态度
  - 将注意力转移到如何解决问题上
  - 相信自己有能力克服困难并取得成功
- 关注成长和进步
  - 专注于自己的成长和进步
  - 庆祝每一个小胜利，让自己感受到成长的喜悦

放下执着：接受客观事实

　　放下执着，接受客观事实的重要性不言而喻。在社会性方面，放下执着有助于促进人与人之间的和谐共处，减少因误解和固执产生的冲突，因为理解和接受现实是建立良好人际关系的基础。从哲学层面来看，它体现了"顺应自然，无为而治"的深刻智慧，教导我们尊重并遵循事物的自然规律，而非盲目追求和强求。从人性角度来看，放下执着能够让我们摆脱内心的束缚，释放内在的潜能，享受更加自由、宁静和美好的生活。因此，学会放下执着，接受客观事实，对于个人的成长和社会的进步都具有深远的意义。

　　庄子曾在朝廷为官，权谋争斗和名利追逐让他感到疲惫不堪，内心充满了对自由的渴望。

　　一日，庄子在郊外漫步，只见山水相依，鸟语花香，一片宁静祥和的景象。他停下脚步，闭上眼睛，深深地呼吸着清新的空气，感受着大自然的恬静与和谐。这一刻，他仿佛找到了久违的宁静与自由。

远离争斗，我感受到了自然的美好和内心的宁静。

　　庄子下定决心放下这些执着和欲望。于是，他辞去了官职，回到了自己的家乡，开始了新的生活。他每天与山水为伴，与花鸟为友，读书、写作、弹琴、作画，享受着大自然带来的宁静与和谐。

　　有一天，庄子在江边垂钓，一位路过的官员看到他，便上前询问他的身份和经历。庄子淡然一笑，说："我不过是一个普通的渔夫罢了，每天钓鱼、读书、欣赏美景，这便是我的生活。"

　　官员听后不禁感叹："先生真是超凡脱俗啊！敢问先生，如何才能像您一样放下执着，接受现实呢？"

　　庄子微笑着回答："其实并不难，只要你懂得顺应自然，不强求、不执着，便能获得内心的平静和自由。"

先生能放下名利，放下执着，顺应内心，才是当世大家。

　　放下执着，接受客观事实，并不是消极避世。庄子放下官场的名利，回归自然，是正视内心的结果，他清晰地了解到自己内心渴望的是自然境界。而不是荣华富贵或者高官厚禄，所以他接受了自己无法适应官场规则的客观事实，然后果断地放弃了已经到手的名利，去追求自由。

　　放下执着，接受客观事实是一种成熟、积极的心态。它要求我们在面对不如意的事情时，能够清醒地认识到自己所处的环境和状况，理解并接受这些无法改变的事实。这种接受并不意味着对现实的认可或妥协，而是一个理智和客观认识的过程。

首先，我们要理解执着背后的原因，明确是哪些事情或情感让你难以释怀，然后承认并接受现实，而不是逃避或者否认，最后要调整心态，放下控制欲。通过放下执着，我们能够释放心灵的负担，摆脱过去的束缚和困扰，以更加平和开放的心态面对现在和未来。

陈老每日都在同一条河流上捕鱼。他坚信只要自己努力，就能从这条河流中捕获到鱼儿。然而，近年来，鱼儿变得越来越稀少。

陈老依然每日辛勤地捕鱼，但收获却越来越少。村里的人都劝他放弃这条河

流，去其他地方寻找更丰富的渔场。然而，陈老却固执地坚守在这里。

一天，村长找到陈老，告诉陈老："陈老，你对这条河流的执着令人敬佩，但过度的执着可能会让你忽视了其他的机会。有时候，放下执着，换个角度看待问题，或许会有新的发现。"

陈老听后陷入了沉思，他开始回顾自己多年来的捕鱼经历，他意识到，自己一直执着于这条河流，却从未尝试过其他的渔场。或许放下这份执着，去其他地方寻找，会有更好的收获。

于是，陈老决定放下对这条河流的执着。他收拾起渔网，离开了这条曾经熟悉的河流。他来到了一片新的水域，这里的水量充足，鱼儿也丰富多样。陈老很快便适应了这里的环境，他的捕鱼收获也大大增加了。

原来放下执着，接受现实，才能改变困境。

放下执着，接受客观事实是一种积极、成熟的心态，要求我们正视现实，接受变化，以平和、开放的心态面对生活，与逃避现实是截然不同的。逃避现实是一种消极、不成熟的行为，只会让问题更加严重，阻碍个人的成长和发展。因此，我们应该积极面对生活中的挑战和困难，放下执着，拥抱改变，消除内心的困惑和怨气，顺利走出困境。

放下执着，接受现实

- **认识执着**
  - 意识到自己的执着所在，明确是哪些事情让你难以释怀
  - 理解执着背后的原因，有助于你更好地处理它

- **接受现实**
  - 承认并接受现实，有些事情可能无法如你所愿
  - 学会面对不可改变的事实，而不是试图逃避或否认它们

- **调整心态**
  - 培养一种宽容和开放的心态，允许事情按照自己的方式发展
  - 认识到生活中的不完美和不确定性，并学会接受它们

- **放下控制欲**
  - 认识到你无法控制一切，尤其是他人的想法和行为
  - 学会放手，不要试图通过控制来得到你想要的结果

- **培养耐心和信心**
  - 放下执着需要时间和努力，不要期望立即改变
  - 相信自己有能力克服困难，相信自己会更加坚强和成熟

让情绪自然流动

在情绪产生时，我们应该采取一种开放、接纳的态度，允许它们像水流一样自然地起伏、流动。这意味着我们不再试图压抑、否认或逃避内心的情感，而是允许它们自然地表达、释放和消散。通过让情绪自然流动，我们能够更好地了解自己的内心世界，接受自己的感受，并从中学习和成长。让情绪自然流动是一种健康、积极的情绪管理方式，它有助于我们保持内心的平衡和稳定，以更加平和、理智的态度面对生活中的挑战。

东晋时期，有一位著名的文学家和诗人名叫陶渊明。他因对官场的厌倦和对自然生活的向往，选择了归隐田园，过上了自给自足的农夫生活。

在田园生活中，陶渊明学会了让情绪自然流动。他不再被世俗的纷扰所牵绊，而是与大自然融为一体，感受四季的变换和生命的律动。

有一次，陶渊明在田间劳作时，不慎被一块石头绊倒，摔了个四脚朝天。这要是发生在以前，他可能会因此感到愤怒或尴尬，但此时的他却只是笑了笑，拍了拍身上的尘土继续劳作。

回家后，陶渊明既没有抱怨也没有责怪，而是拿起笔将这一天的经历写成了诗。他写道："采

要让心和自然一起律动，才能让自己变得更加平和。

菊东篱下，悠然见南山。山气日夕佳，飞鸟相与还。"诗中充满了对自然和生活的热爱，也展现了他让情绪自然流动的智慧。

陶渊明的故事告诉我们，让情绪自然流动并不意味着放任情绪，而是要学会在情绪中保持一份冷静和理智。当我们不再被情绪所控制，而是让它们自然流淌时，我们就能更加真实地面对自己，也能更加深刻地体验生活的美好。

> 人的情绪并没有那么复杂，只要我们正视这些情绪，就不会被其左右，尤其是当我们生气的时候，让情绪自然流动尤为重要。因为只有让自己的情绪融入其中，随之而动，怨气或者怒气才会流走，最后只剩下平和、乐观的情绪。
>
> 需要注意的是，让情绪自然流动，不是消极地看待世界，而是积极地感知世界的最佳状态，"不以物喜，不以己悲"，不追求能力不及的事物，不急功近利，做最真实的自己。

要让情绪自然流动，需要培养一种"情绪观察者"的心态。你是一位探险家，而你的内心是一片未知的森林。当情绪如野兽般涌现时，像探险家一样观察它们。

首先，给情绪一个空间，就像观察森林中的动物一样。不要试图驱赶或捕捉它们，只有这样，你才可以更加清晰地看到每种情绪的特点和它们背后的信息。

其次，用非批判的态度去观察情绪。像探险家一样，不带偏见地记录你的发现，而不是一味地评判或指责。

最后，与情绪对话。想象自己是一位智者，用理解的语言与情绪交流。你可以说："我知道你现在很不安，但我会陪着你，一起面对这个问题。"

为什么，为什么我的画总是不完美？

清代著名的书画家郑板桥，以画竹闻名于世。他的竹画风格独特，笔墨淋漓，充满生机。

最初，郑板桥在画竹时总是过于追求完美，每一笔都力求精准无误。然而，这种追求完美的态度却让他感到十分焦虑和压抑。每当他发现自己的画作有些许瑕疵时，就会对自己生气，无法继续创作。

然而，郑板桥并没有放弃。他开始反思自己的创作过程，并尝试让情绪自然流动。他不再刻意追求每一笔的完美，而是放松身心，任由情绪自然流淌到画笔上。他开始欣赏竹子本身的自然美，将竹子的形态、神韵和气质融入自己的画作之中。

通过这种改变，郑板桥的画作逐渐展现出新的风貌。他的竹画更加生动、自然，充满了情感和生命力。同时，他的画作也受到了更多人的喜爱和赞誉。

郑板桥的故事告诉我们，在艺术创作中，让情绪自然流动是非常重要的。不要过于追求完美和精准，而是

竹随风动，身随心动，心随自然，才能将这份神韵融入画中。

要放松身心，任由情绪自然流淌。只有这样，我们的作品才更加生动、自然，充满情感和生命力。

> 先贤们的例子证明，学会让情绪自然流动是消除生气烦恼的有效方法，无论是融于自然还是隐于市井，或者谋于朝堂或者搏浪商海，都不要强迫自己去违背内心，而是要顺应内心的选择。我们常说要跳出舒适圈，但也不要让自己待在一个如死水般的圈子里。与其生活在一个让自己烦恼生气的圈子里，不如换个方式或者环境。

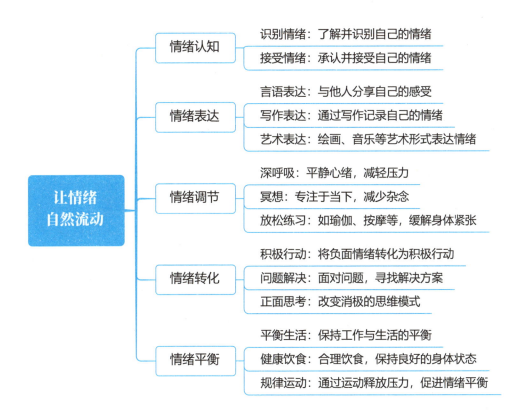

转移注意力，消除负能量

当我们被愤怒情绪所笼罩时，很容易陷入情绪的泥沼中无法自拔。此时，巧妙地转移注意力，比如投身于一项新的爱好、与朋友进行轻松的交谈或者沉浸在宁静的自然环境中，都能有效地帮助我们跳出愤怒的情绪，为心灵带来一丝清凉。同时，提升自我能量也是至关重要的。通过冥想、深呼吸、积极的自我对话或者进行高强度的运动，我们能够将愤怒转化为积极的能量，让这股力量推动我们向前，实现个人的成长和心灵的升华。这样不仅能让我们在面对挑战时更加从容不迫，也能以更加积极的心态面对生活的起伏。

小杨在工作中与同事发生了争执，心中充满了愤怒和不满。

于是，小杨无法继续专注于工作，他的思维变得非常混乱。如果不及时调整情绪，这场怒火只会愈演愈烈，最终可能影响到他与同事的关系。

就在这时，小杨的手机震动了一下，提醒他有一个周末的徒步活动邀请。小杨这才意识到，他可以选择离开这个充满愤怒的环境，去大自然中放松心情，转移注意力。

于是，小杨决定参加这次徒步活动，踏上了前往山林的旅程。在徒步

这场争执让我心乱如麻，工作都无法继续了。

的过程中，他欣赏着美丽的风景，呼吸着清新的空气，与队友们愉快地交流。这些活动让他忘记了之前的不愉快，心中的怒火也逐渐消散。

回到办公室后，小杨发现自己的情绪已经恢复平静。他回想起之前与同事的争执，意识到有很多误解和沟通不足的地方。于是，他主动找到同事，坦诚地表达了自己的想法和感受，也倾听了对方的观点。经过沟通，两人之间的误会得到了消除，关系也变得更加融洽。

　　转移注意力，并不意味着让我们忽视生气的原因，而是正视生气并理智解决问题的一种方法，是暂时将我们的关注点从负面因素上转移到其他积极的方向，从而换一种心态或者换一种环境。在新的环境里平复情绪，恢复自己的理智。

消除因生气产生的负能量，带来多方面积极影响。在心理上，它有助于减轻压力，避免焦虑和抑郁情绪的累积，维护情绪稳定，提升幸福感和生活满意度。在生理上，减少愤怒能减轻心脏负担，降低血压，改善睡眠质量，增强免疫系统，促进整体健康。在人际关系中，有效地管理愤怒能减少冲突，构建和谐的家庭与工作环境。在职业上，保持情绪平衡能提高工作效率，提高创造力和问题解决能力。在个人成长方面，学会转化负面情绪为自我提升的动力，增强自我控制力，培养高情商，在面对生活挑战时更加从容不迫。

晓辉一直是个乐观开朗的人，但最近他遇到了一系列挫折，不仅工作不顺利，人际关系也变得紧张，这些负能量像乌云一样笼罩在他的心头。

一天，晓辉在公园里注意到有个老人正在专注地画画。老人的画技虽然并不高超，但他每画一笔都显得那么投入和满足。

老人画完一幅画后，抬头看到了晓辉，邀请他一起画画。老人鼓励他说："画画不是比赛，而是为了表达自己的心情。你可以画任何你想画的东西。"

晓辉被老人的话所打动，他拿起画笔，开始画出自己心中的感受。他画出了乌云密布的天空，画出了自己沮丧的脸庞，还画出了那些困扰他的问题和挫折。画着画着，晓辉发现自己的心情竟然逐渐平静下来。

画完后，老人笑着对他说："你看，你把自己心中的负能量都画出来了。现在，这些负能量已经不在你的心里了，而是在你的画上。"

晓辉终于恍然大悟，他决定把这幅画挂在自己的房间里，可以时刻提醒自己要勇敢面对挫折和困难，不让负能量占据自己的心灵。

我现在感觉好多了，我会把这幅画挂起来，时刻提醒自己。

　　生气所产生的负能量是会一直膨胀的，如果没有采取正确的方式将之消除，那么这股能量最终会侵蚀掉内心，甚至彻底改变一个人的心态。所以，我们可以通过转移注意力的方式。寻求兴趣爱好，参加亲朋聚会，阅读观影，融入自然等等来消除负能量。当我们消除负能量时，正能量就会充盈内心，并且更加坚固且持久。

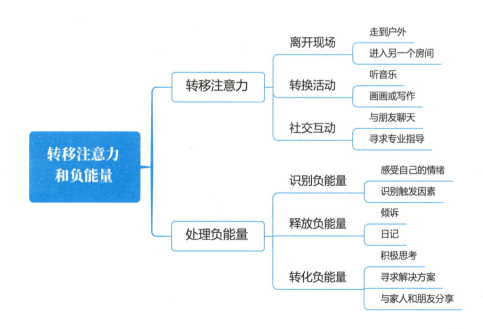

心理韧性：在挑战中成长

心理韧性，即个体在面对生活逆境、压力和挑战时，能够积极适应、迅速恢复并持续发展的心理素质。它涵盖了复原力、毅力和反脆弱力，使人们在遭遇困境时仍能保持常态，坚持追求目标，并从失败中汲取力量，不断成长。

心理韧性的重要性不言而喻。它能帮助我们更好地应对生活中的压力和挑战，减少焦虑和抑郁的风险，增强自尊心和自信。同时，具备心理韧性的人更容易建立积极的人际关系，提高生活满意度和幸福感。因此，培养心理韧性对于个体的全面发展和生活质量的提升至关重要。

早年时的韩信还是一名默默无闻的青年。他身材高大，腰间常佩戴一把宝剑，在街上行走时引起了一个无赖的注意。无赖故意挑衅韩信，要求他要么拔剑相向，要么从自己的胯下钻过去。面对这样的挑衅，韩信忍着满心的怒气选择了忍受屈辱，从无赖的胯下钻了过去。

今日之事，非剑所能解决。我选择忍一时之辱，以图将来。

哟，这不是韩信吗？他可真丢人！

这一举动立刻引来了周围人的嘲笑和讥讽，但韩信并没有因此而感到羞愧或气馁。他深知，一时的屈辱并不能定义他的人生，真正重要的是内心的坚韧和毅力。于是，他默默地忍受着这一切，继续坚持自己的信念和追求。

后来，韩信凭借自己的才华和努力，屡立战功，为刘邦建立汉朝立下了赫赫战功。韩信的成功不仅证明了他的军事才能，更展现了他强大的心理韧性。正是因为他能够在逆境中保持冷静和坚韧，不被外界所动摇，才实现了自己的梦想和追求。这个故事告诉我们，心理韧性是成功的关键，只有具备强大的心理韧性，才能在面对困难和挑战时保持坚定和勇敢。

将士们，今日之战，关乎生死存亡，让我们勇往直前，夺取胜利！

韩信的成功离不开强大的心理韧性。试想，如果他当年与那无赖纠缠，也许不会受胯下之辱，但恰恰证明了他不具备坚韧的心理，不具备成就大事的基本心理素质，也许就会和无赖一样成为市井之徒。那些心怀大志的人，必然不会因一时之气而愤懑。

要让自己拥有坚韧的心理，首先，要学会面对挑战和困难。遇到困难时，不要轻易放弃，而应该积极寻找解决问题的方法。其次，要培养自己的抗挫能力，即使遭遇失败和挫折，也要相信这只是暂时的，从失败中吸取教训，不断自我完善。最后，要保持健康的生活习惯和积极的人际关系，以增强心理韧性。通过持续地自我提升和努力，可以逐渐培养出坚韧不拔的心理素质，从而更好地应对生活中的各种挑战。在挑战面前，我们要坚韧不拔，勇敢前行，不断超越自我，才能实现个人价值。

> 坚韧的心理包含坚强和隐忍，相比之下，隐忍更难能可贵，需要我们在矮檐之下低下头，韬光养晦，积蓄力量。那些靠着蛮力和冲动去抗争的人是不可能成功的；那些不懂隐忍的人会被怨气和怒气推动前进，从而做出错误或致命的决策。无论是勾践还是韩信的故事都证明：坚韧的心理是走出困境、改变命运等一切行为的基础。

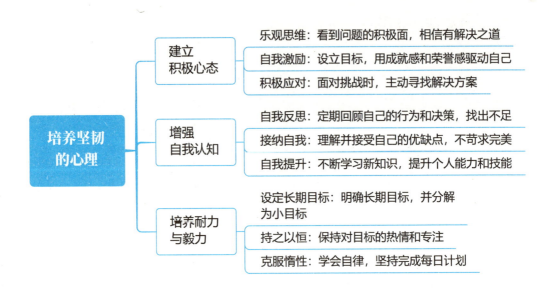

培养坚韧的心理

建立积极心态
- 乐观思维：看到问题的积极面，相信有解决之道
- 自我激励：设立目标，用成就感和荣誉感驱动自己
- 积极应对：面对挑战时，主动寻找解决方案

增强自我认知
- 自我反思：定期回顾自己的行为和决策，找出不足
- 接纳自我：理解并接受自己的优缺点，不苛求完美
- 自我提升：不断学习新知识，提升个人能力和技能

培养耐力与毅力
- 设定长期目标：明确长期目标，并分解为小目标
- 持之以恒：保持对目标的热情和专注
- 克服惰性：学会自律，坚持完成每日计划

第三章
应对策略——有效管理与化解冲突

　　生气，简单来说就是对人或者事产生不满。应对这种不满的情绪或者不公的状况，需要讲究策略，冲动或者逃避是万万不可取的。有效的应对策略包括沟通技巧、情绪调节技巧、谈判和求助等，熟练且有针对性地运用这些技巧，可以有效地消除生气并化解冲突。

沟通的艺术：有效表达不满

在复杂的人际关系中，巧妙沟通是表达不满时不可或缺的一项关键技能。当我们遇到不满或矛盾时，直接而激烈地表达容易引发误解和冲突，甚至可能破坏原本良好的关系。因此，学会用巧妙的沟通去表达不满，就会显得尤为重要。这不仅需要我们有足够的智慧和耐心，更需要我们掌握一定的沟通技巧。通过平和的语气、理性的措辞，我们可以将自己的不满和期望传达给对方，同时避免伤害对方的感情。这种沟通方式不仅能够增进双方的理解和信任，还能为解决问题创造更有利的条件。

小李和小张平时合作默契，但最近因为一个方案发生了分歧。小李认为方案需要更加注重细节，小张则坚持整体框架的重要性。

在一次团队讨论会上，小李感到有些不满，但他并没有直接指责小张或表现出愤怒。

我认为我们的方案在细节上还有待加强，这关系到最终的成败。

我理解你的观点，但我认为整体框架的稳固才是基础。

小李深吸了一口气，用平和而坚定的语气说："小张，我非常感谢你对整体框架的把握，它确实为整个项目提供了坚实的基础。但在我看来，我们是否也应该在细节上做些微调？毕竟这些细节可能会直接影响到用户的实际体验。"

小张听到小李的话后，先是愣了一下，然后沉思了片刻。他意识到小李的担忧并非没有道理，便回应道："你说得对，我们确实需要更加关注细节。谢谢你的提醒，我们一起讨论一下如何改进吧。"

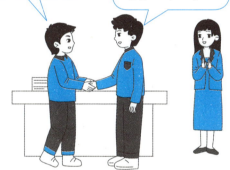

小李通过巧妙的沟通方式，委婉地表达了自己的不同意见，同时也避免了直接冲突。他的平和语气和理性措辞让小张更容易接受他的观点，并促使双方共同寻找解决方案。

> 很显然，在人际交往中，用巧妙的沟通去表达不满是一种智慧，它能够增进理解和信任，促进双方的合作。如果我们直接表达自己的不满，则会招致对方的不满。所以利用沟通的艺术、巧妙的话术能更好地表达自己的意见及不满。

要掌握沟通的技巧以表达自己的不同意见，首先需要保持冷静和理性。在面对不满时，不要急于发泄情绪。其次，要学会倾听对方的观点，理解对方的立场，以建立双方的信任和尊重。

在表达不满时，要选择恰当的时机和方式。避免在对方情绪激动或忙碌时提出，而是选择一个相对私密的、平静的环境进行沟通。

此外，要明确表达自己的观点和感受，让对方了解你的真实想法。在表达过程中，可以运用一些"我"字句，如"我觉得……""我认为……"以强调自己的感受和需求。

最后，要寻求双方都能接受的解决方案，而不是仅仅表达不满就结束对话。

在一次团队会议上，王经理发现李专员的方案与自己的想法大相径庭，心中不免有些不满。

会议结束后，王经理主动找到李专员，邀请他到一个安静的咖啡厅进行交流。他首先称赞了李专员的创新精神和努力，然后表示自己非常尊重他的想法，但也希望他能理解自己的担忧。

"小李，我非常欣赏你的创新思维，你的方案确实有很多亮点。"王经理平和地说："但是，我也有一些担忧。我们公司的客户群体比较传统，我担心过于前卫的推广方式可能会让他们感到不适应。"

李专员听到王经理的话后，有些惊讶但也非常感激。他意识到自己的方案可能确实存在一些问题，于是开始认真听取王经理的建议和意见。

经过一番深入的交流和讨论，两人最终找到了一个折中的方案。他们决定在保留创新元素的同时，也考虑到传统客户的接受程度，通过调整推广策略来满足不同客户的需求。

这次经历让王经理和李专员都深刻地体会到了沟通的重要性。他们学会了在表达不满时保持冷静和理性。

小李，你的创新思维很让人钦佩，但我们需要考虑客户的传统接受度。

您的意见很中肯，我愿意调整方案，以更好地适应我们的目标客户。

在表达自己的不满时，最大的忌讳是失去冷静和尊重。一旦情绪失控或言辞过于尖锐，不仅可能伤害对方的感情，还可能使问题变得更加复杂。因此，无论面对何种情况，都应保持冷静的头脑，用平和、理性的语气表达自己的不满。同时，尊重对方的观点和感受，避免使用攻击性或贬低性的语言。只有这样，才能确保沟通的顺利进行，找到解决问题的有效方法。

用沟通表达不满
- 开场表述
  - 简短介绍目的与背景
  - 营造友好的氛围
- 表达不满
  - 清晰、具体地描述问题
  - 表达感受与影响
- 提出期望
  - 明确希望对方如何改进
  - 给出具体建议或方案
- 共同讨论
  - 鼓励对方表达观点
  - 共同寻找解决方案
- 总结与确认
  - 复述达成的共识与解决方案
  - 确保双方理解一致

积极倾听：理解对方立场

生气时，倾听的重要性尤为凸显。生气时，我们往往被自己的情绪所控制，容易冲动和误解他人。然而，通过积极倾听，我们能够暂时冷静下来，将注意力转移到对方的话语上。倾听不仅有助于我们更全面地理解对方的立场和感受，减少误解和偏见，还能让对方感受到被尊重和重视，从而增强双方之间的信任感。这种信任感是解决问题和化解冲突的基础。因此，在生气时，我们应该学会倾听，让对话成为双方理解、沟通和解决问题的桥梁，而不是情绪宣泄的战场。

宋林的脸上写满了不悦，他径直走向张强的办公室。

宋林怒气冲冲地开口："为什么又给我这么多工作？你考虑过我的感受吗？"

张强抬起头，眉头紧锁，他感到意外和不解："这个项目的紧急程度你也知道，我们团队现在人手紧张，我只能尽量合理分配工作。"

"合理分配？"宋林的声音提高了八度，"我手上的工作已经多到做不完了，你还给我加这么多！"

张强尽量保持冷静："我理解你的压力，但你知道这个项目对公司的重要性，我们必须按时完成。"

宋林注意到张强眼中闪过一丝疲惫，他稍微平复了一下情绪，坐下来倾听张强的解释。

"其实，我也很纠结。"张强缓缓开口，"我知道你最近很辛苦，我们可以一起想想办法，看看怎么减轻你的负担。"

宋林心中的怒火渐渐平息。他开始反思自己的冲动和偏见，觉得刚才的反应可能有些过分。

"好吧，我们一起想想办法。或许我们可以重新分配一下工作，或者找其他同事帮忙。"

就这样，两人开始坐下来商讨解决方案。

> 生气时学会倾听，并不是要求我们一味地隐忍，而是为了积极有成效的沟通做准备。倾听是开端，是基础，理解和沟通是过程，解决问题打开心结是最终目的。

如何做到生气时保持倾听，以下是一些详细的方法：

深呼吸与放松：你可以尝试闭上眼睛，专注于呼吸，将注意力从愤怒的情绪中转移。

集中注意力：将注意力转移到对方身上，而不是只关注自己的感受。

避免打断对方：即使你急于表达自己的观点，也要给予对方充分表达的机会。不要打断对方的发言，而是耐心等待他们说完。

开放心态：倾听时保持开放的心态，不要急于反驳或辩解。即使你不同意他们的看法，也要接受并理解对方的观点。

小明在追逐一只蝴蝶时，不小心跑进了李阿姨的花园，一不留神踩倒了几株刚种植不久的幼苗。

李阿姨听到动静跑出来一看，顿时火冒三丈。"你怎么这么不小心！"她的声音里满是责备。

小明被这突如其来的怒气吓了一跳，眼眶里迅速泛起了泪花，但还是鼓起勇气说："对不起，李阿姨，我不是故意的，我在追蝴蝶，没看到这里有花苗。"

这时，李阿姨深吸一口气，意识到自己可能过于冲动了。

李阿姨蹲下身来，平视着小明的眼睛，语气缓和了许多："小明，没关系，刚才看到这些花苗被踩倒我也很心疼，它们就像我的孩子一样。你能告诉我，如果再遇到这样的情况，你会怎么做？"

小明想了想，认真地说："我会更加小心，如果要跑，会先看看周围有没有不能踩的东西。如果我不小心弄坏了东西，我会立刻告诉主人，并且帮忙修复或者赔偿。"

李阿姨听后，脸上露出了微笑，"你的想法很好。下次记得就好。每个人都会犯错，重要的是我们能从错误中学习。"

生气时保持倾听，需要我们控制自己的情绪、集中注意力、避免打断对方、保持开放心态、反馈与确认以及以尊重的方式表达观点。这有助于我们建立更加和谐的人际关系，并在冲突和分歧中找到共同的解决方案。小明和李阿姨之间的故事正是积极倾听带来正面结果的写照：即使在生气或遭遇不快时，选择积极倾听和开放心态，能够有效化解矛盾，促进人与人之间的和谐关系及个体成长。

生气时学会倾听

- **生气时的常见反应**
  - 冲动发言：直接表达愤怒，可能导致误解
  - 沉默抗拒：拒绝沟通，加深隔阂
  - 攻击性行为：肢体或言语上的攻击，伤害他人

- **为什么要在生气时倾听**
  - 理解对方：倾听能帮助我们理解对方的立场和感受
  - 冷静思考：通过倾听，给自己冷静的时间
  - 解决问题：倾听是解决问题的前提

- **倾听的技巧**
  - 眼神交流：保持眼神交流，展现对对方的关注
  - 肢体语言：使用积极的肢体语言表达理解和认同
  - 重复与概括：用自己的话重复对方的观点，以确保理解准确
  - 提问与澄清：在需要时提问或澄清，以获取更多信息

- **实践建议**
  - 意识到倾听的重要性：认识到倾听在人际交往中的重要作用
  - 练习倾听技巧：在日常生活中多加练习，提高自己的倾听能力
  - 寻求反馈：向他人寻求反馈，了解自己在倾听方面的不足并加以改进

深呼吸：及时的平静之法

生气时，深呼吸对生理方面的作用主要体现在以下几个方面：

增加肺通气量：为脑部提供更多氧气，有助于缓解因生气导致的脑部缺氧状态。

激活副交感神经系统：降低心率、呼吸频率和血压，减少肌肉紧张度，降低机体的新陈代谢水平，使机体从应激状态逐渐恢复正常。

改善循环系统功能：通过增强心肺能力和血液循环系统功能，使心脏单次输出量增加，从而有助于心跳减慢，进一步平复激动的情绪。

综上所述，生气时深呼吸通过增加肺通气量、激活副交感神经系统和改善循环系统功能等生理作用，有效帮助平复激动的情绪，恢复机体的平衡状态。

有一天，庞勇在镇上的一家茶馆里与好友张浩下棋。两人棋逢对手，战得难解难分。然而，在一次关键的落子之后，庞勇觉得张浩有意欺骗，顿时怒火中烧，准备发作。

就在庞勇即将失控之际，他瞥见了茶馆里一位年长的茶客正在悠然地品茶，脸上带着淡淡的微笑。这位茶客平时以智慧和平和著称，是庞勇敬仰的长者。庞勇突然想起了长者曾经教给他的话："生气时，先深呼吸，让心灵回归平静。"

于是，庞勇深吸一口气，闭上眼睛，让自己冷静下来。他感受到空气缓缓进入肺部，带来一股清凉感，仿佛将怒火逐渐熄灭。当他重新睁开眼睛时，他已经恢复了平静。

庞勇重新审视棋盘，发现自己之前的判断有误。张浩并没有欺骗他。他向张浩道歉，并承认了自己的冲动。张浩也理解了他的心情，两人重新和好如初。

从那天起，庞勇学会了在生气时深呼吸，让心灵回归平静。他发现自己变得更加理智和宽容，与人的相处也更加和谐。

气大伤身并不是危言耸听，很多疾病都是因为平日里爱生气导致的。深呼吸能让我们的心情快速平静下来，让身体处在平和而非激动的状态，明辨是非，进而解决问题或者走出困境。

生气时，深呼吸不仅对身体有好处，对心理更是益处多多。首先，深呼吸能够有效地转移我们的注意力，使我们从愤怒的情绪中抽离出来，转而专注于呼吸本身，进而降低紧张感和愤怒情绪。其次，深呼吸能够激活副交感神经系统，帮助我们的身体从应激状态逐渐恢复到平静状态，从而减轻心理压力和焦虑感。此外，深呼吸还有助于我们调节大脑中的化学物质平衡，促进内啡肽等愉悦激素的分泌，提高我们的情绪稳定性和幸福感。总之，生气时深呼吸是一种有效的情绪调节方法，它可以帮助我们平复愤怒情绪，恢复心理平衡。

李强正忙于处理一堆紧急的项目文件。由于时间紧迫，他感到压力巨大，心情也变得焦躁不安。突然，他接到了一通来自客户的电话，对方在电话中抱怨项目进展缓慢，言辞激烈。

李强听到这些批评，顿时怒火中烧。他紧握着电话，准备反驳客户，就在这时，他瞥见了自己办公桌上的一张纸条，上面写着："生气时，深呼吸"。

李强深吸了一口气，努力让自己冷静下来。他闭上眼睛，专注于呼吸的节奏。深呼吸几次后，他感觉到自己的情绪逐渐平复下来。

于是，他向客户道歉，并承诺会加快项目进度。同时，他也耐心地解释了项目中的困难，并请求客户的理解和支持。经过一番沟通，客户的态度也有所缓和，表示会给予李强更多的时间和支持。

这次经历让李强深刻地体会到生气时深呼吸的重要性。他意识到，在面对困难和挑战时，保持冷静和理智是非常重要的。从此以后，每当遇到生气或紧张的情况时，他都会深呼吸几次，让自己平静下来，从而更好地应对各种挑战。

深呼吸，放松心情。

生气是一个人身体和心理的双重反应，深呼吸能快速降低这种反应带来的伤害，及时制止可能带来的情绪爆发和对立冲突。俗话说，退一步开阔天空。只需要一次深呼吸，便能意识到自己或者对方的优点；只需要一次深呼吸，就能看透冲突或者困境的本质，让情绪成为可控因素，让生气成为动力而非羁绊。

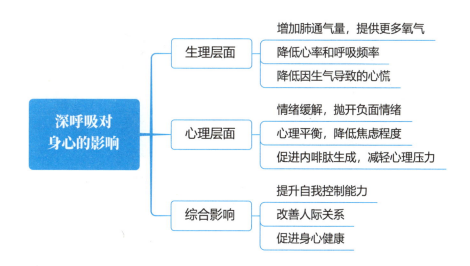

深呼吸对身心的影响

生理层面
- 增加肺通气量，提供更多氧气
- 降低心率和呼吸频率
- 降低因生气导致的心慌

心理层面
- 情绪缓解，抛开负面情绪
- 心理平衡，降低焦虑程度
- 促进内啡肽生成，减轻心理压力

综合影响
- 提升自我控制能力
- 改善人际关系
- 促进身心健康

情绪调节：冷静下来的策略

无论是沟通、倾听还是深呼吸等方法，都可以让人在生气的时候冷静下来，只有冷静下来才有可能解决问题。因为在愤怒情绪的驱使下，我们往往容易失去理智，做出冲动的决定或说出伤人的话语。只有当我们冷静下来，才能够更好地审视问题，理性地分析情况，找到解决问题的最佳途径。冷静还能帮助我们控制自己的情绪，维护良好的社交环境。因此，生气时冷静下来，不仅是对自己的尊重，也是对他人的珍视。

杨钟带领的团队面临了一个重大的挑战：一个重要项目出现了严重的技术问题，如果不能在限定的时间内解决，将会对公司造成巨大的损失。

在多次尝试修复失败后，团队成员们开始变得焦虑和沮丧，甚至有些人的情绪开始失控，相互指责和争吵。杨钟也感到巨大的压力，但他明白此时更需要冷静和理智。

杨钟深深地吸了一口气，努力让自己的情绪平静下来。随后，他召集团队成员，用温和而坚定的语气告诉大家，现在最重要的是团结一致，找出问题的根源，而不是相互指责。他鼓励大家分享各自的想法

冷静下来，才能解决问题。

和解决方案，而不是抱怨和指责。

在杨钟的引导下，团队的气氛逐渐缓和下来。大家开始积极地交流，分享各自的见解和想法。经过几个小时的深入讨论和尝试，他们终于找到了问题的根源，并成功地解决了这个问题。

事后，杨钟感慨地说："在困难面前，我们需要的不仅是技术和能力，更重要的是冷静和理智。只有保持冷静，我们才能找到解决问题的最佳途径。"

在困难面前，更重要的是保持冷静和理智。

你说得太棒了。

　　生气时，只有保持理智，让自己冷静下来，才能遏制住冲动，让事情回到正轨。无论我们面对什么困难，要时刻相信自己或者团队能够最终战胜它，时刻保持冷静地思考并做到理智地审时度势，及时改变策略，应对风险，让自己始终处于有利位置。

在生气时保持冷静，是为了快速精准地认识到事情的本质：究竟是什么让我们生气。有时，生气的直接原因可能只是表面现象。只有尝试深入挖掘，才能找到导致你生气的根本原因。这可能需要一些自我反省和思考，如果你发现很难在脑海中清晰地识别生气的原因，就可以试着将你的感受写下来。写作可以帮助你整理思绪，并更清晰地表达你的情绪。

在一个宁静的社区里，吴琨和邻居李大妈因为一点小事发生了争执。吴琨觉得李大妈的态度很傲慢，而李大妈则认为吴琨小题大做。吴琨的情绪逐渐升温，他开始大声指责李大妈，言辞激烈。

李大妈也不甘示弱，两人你来我往，争吵声越来越大。周围的邻居纷纷探出头来，有的劝解，有的观望。然而，吴琨已经陷入了愤怒的情绪中，他失去了理智，突然用力推了一把李大妈。

李大妈一个趔趄摔倒在地，痛苦地呻吟起来。吴琨见状心中一惊，但愤怒的情绪仍占据上风，他继续大声指责。很快，警察赶到现场，将两人带走了。

经过调查，警察发现吴琨的行为导致李大妈骨折，需要住院治疗。吴琨不仅要支付高昂的医疗费用，还受到了应有的惩罚。之后，吴琨深刻地反思了自己的行为，后悔没有在生气时保持冷静。他明白了，一时的冲动只会带来无法挽回的后果。

无论原因如何，伤害他人都要受到一定的惩罚。

我只是一时冲动，没想到会这样。

从这个事例中，我们可以看到遇事不冷静、不理智的后果多么严重。世上没有后悔药，但我们可以让自己免于后悔：做到时刻提醒自己遇事冷静，不冲动、不冲突，用理智打败愤怒。同时，用理智感染他人，避免冲突升级。我们倡导和谐社会，其根基就是每个人都要提升自己的理智，不和谐的因素才会销声匿迹。

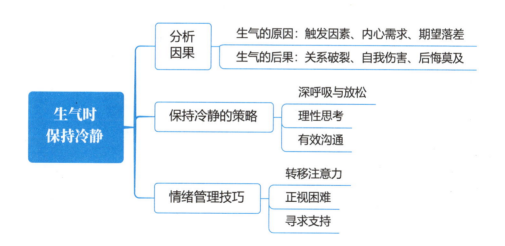

生气时保持冷静

分析因果
- 生气的原因：触发因素、内心需求、期望落差
- 生气的后果：关系破裂、自我伤害、后悔莫及

保持冷静的策略
- 深呼吸与放松
- 理性思考
- 有效沟通

情绪管理技巧
- 转移注意力
- 正视困难
- 寻求支持

谈判技巧：达成双赢的解决方案

在我们的工作和生活中，谈判无处不在，大到商务洽谈，小到买菜砍价，在谈判过程中难免出现分歧，难免会或多或少地生气。

在谈判桌上保持冷静，关键在于预先准备和情绪管理。充分了解对手与议题，备好数据与对策，可以有效减缓紧张情绪。遇到激怒情形，深呼吸有助于平复心情，适时离场整理思绪也是良策。记住，将情绪转化为解决问题的动力，而非障碍。用平静、理性的态度分析对方立场，寻找共赢方案，才能让谈判更加顺畅有效。情绪控制不仅展现专业素养，更是促成成功谈判的必备技能。

战国时期，赵国因为秦国的猛烈进攻而面临危机。赵太后决定向齐国求援，但齐国提出的条件是赵国必须送赵太后的小儿子长安君为人质。赵太后听后，坚决拒绝了这个条件。

左师触龙深受赵太后信赖，选择了一个合适的时机求见太后。他并没有直接提及人质的事宜，而是

送长安君为人质之事，休要再提。

从关心太后的健康开始，与太后进行了轻松的对话。在逐渐消除了太后的怒气和戒备心理后，触龙巧妙地提及了自己最疼爱的小儿子，并请求太后允许他到宫中担任卫士。这一话题的转移，让太后产生了共

鸣，两人开始讨论起父母对子女的爱。

触龙进一步强调了父母对子女的长远之爱，逐渐引导太后思考如何为长安君的未来打算。触龙指出，如果长安君没有为赵国作出贡献，将来可能会面临困境。

在触龙的巧妙引导下，赵太后最终认识到了自己的短视，并同意将长安君送到齐国作为人质，以换取齐国的援助。这一决定不仅挽救了赵国的危机，也确保了长安君的未来。

> 你这提议倒也新奇，说说你的想法。

> 臣听闻太后对长安君甚是宠爱，不知臣的小儿子可否有此荣幸，为太后分忧？

> 这个故事展示了在谈判中避免生气的重要性。触龙通过关心太后的健康、利用情感共鸣以及逻辑说服等手段，成功地说服了太后，避免了因触怒赵太后惹其生气而导致的谈判失败。这个故事告诉我们，在谈判中保持冷静、善于运用沟通技巧和策略，是达成合作的关键。

在谈判过程中，不讲究谈判技巧、遇难则怒会带来一系列恶果：

破坏谈判氛围：当一方生气并失控时，会破坏这种氛围，使对方感到不安或受到威胁，从而阻碍有效的沟通。

降低信任度：生气可能会让对方认为你不值得信任或缺乏专业

素养。

影响决策质量：你可能会因为情绪冲动而做出不利于自己的让步或提出不切实际的要求。

损害长期关系：生气可能会损害这种关系，使对方不愿意与你进行未来的合作或交流。

削弱自身立场：当你表现出愤怒和失控时，可能会让对方认为你的立场不够坚定。

有两个相邻的王国，王国A和王国B因为一块肥沃的土地的归属权而陷入了长时间的争议。为了解决这个问题，两国决定进行一次面对面的谈判。

谈判当天，两国的使者都来到了指定的地点。王国A的使者带着满腔的愤怒和不满，他们坚信这片土地是他们的，王国B则是无理的侵占者。王国B的使者则坚持认为这片土地一直属于他们，是王国A在无理取闹。

谈判开始不久，双方就因为土地的归属权问题而发生了激烈的争执。王国A的使者言辞激烈，指责王国B的使者撒谎、不诚实，并威胁要用武力解决问题。王国B的使者也不甘示弱，他们用同样激烈的语言进行反驳，甚至嘲笑和侮辱了王国A的使者。

随着情绪的升温，谈判桌上的氛围变得越来越紧张。双方的使者都忘记了他们原本的任务和目标，陷入了无休止的争吵和指责之中。最终，在愤怒和冲动的驱使下，谈判以失败告终。

　　这次谈判的失败对两国都造成了巨大的损失。他们不仅失去了解决争议的机会，还进一步加剧了彼此之间的敌意和矛盾。

> 　　这个故事再次告诉我们，在谈判中生气是非常危险的。既然能坐下来谈判，就说明有共同的方向，但情绪化的语言和态度不仅会破坏谈判的氛围，还会将原定的谈判方向带偏，导致谈判的破裂和失败：小则一拍两散，大则兵戎相见。相反，我们应该学会控制自己的情绪，用冷静、理智的态度去面对谈判中的分歧和冲突，通过智慧和技巧来寻找双方都能接受的解决方案。

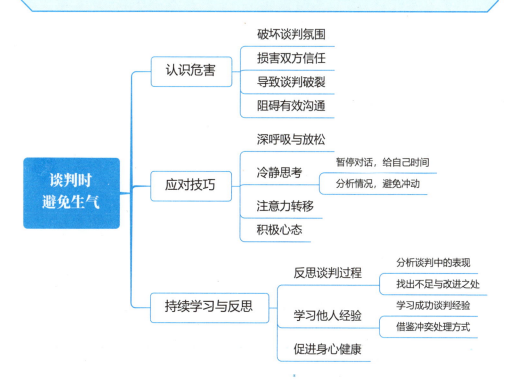

设定界线：不越雷池一步

　　设定情绪边界，是自我管理和心理健康的关键。它能够让我们清晰地区分自己和他人的情绪，即使在面对挑战和压力时也能保持理智。通过明确哪些情绪是我们需要负责的，哪些是与他人无关的，我们能够更好地保护自己的情感健康，并与他人建立更健康的关系。这不仅提升了我们的生活质量，还促进了个人成长和发展。

　　小丽是个心地善良的女孩儿。她身边的朋友都知道，无论何时何地，只要有人遇到困难或心情低落，小丽总是第一个站出来安慰。然而，这种过度的付出和关心，让小丽逐渐感到疲惫不堪。

　　有一天，她的好友洛洛因为工作上的挫折而情绪失控，连续几天都向小丽倾诉自己的不满和焦虑。小丽虽然尽力安慰他，但渐渐地，她发现自己也被洛洛的负面情绪所影响，开始变得焦虑不安，甚至影响到了自己的日常生活。

　　这时，小丽意识到她需要为自己设定一个情绪边界。她决定在继续支持洛洛的同时，也要保护好自己的情绪。于是，她对洛洛说："洛

我真的不知道该怎么办？工作上的压力让我快喘不过气来了。

我理解你的感受，但我们也要想办法，找到解决问题的途径。

洛，我非常理解你现在的感受，也很愿意听你倾诉。但我也需要一些时间来调整自己的情绪。我们可以一起寻找解决办法，但我也希望你能理解我的立场。"

自从设定了情绪边界后，小丽发现自己能够更加从容地面对生活中的各种挑战。她不再被他人的负面情绪所左右，而是学会了如何更好地管理自己的情绪。

我是真的受不了了。

我一直支持你，但你又不做改变，已经影响到我了，我也需要照顾好自己的情绪。

我们倡导宽容，但这并不代表没有边界；我们理解他人，并不代表一味地同情，给自己的情绪设定一个明确的边界，边界之外即是雷池，边界之内才是祥和。没有边界的情绪容易爆发：冲动、易怒、大喜大悲，这些对我们的身心健康都有很大的危害。

要为自己的情绪设定一个边界，首先，需要明确自己的情感需求和底线。这意味着我们需要识别我们的情绪何时可能会受到影响，并确定在哪些情况下我们应该保持冷静和理智。其次，学会表达自己的感受，但也要避免过度分享或承担他人的情绪负担。当感到情绪激动或受到他人情绪的影响时，可以采取深呼吸、暂时离开现场等方法来平复自己。最后，建立一个支持性的社交圈，与那些能够理解和尊重我们情绪边界的人保持联系，这样就可以在必要时获得帮助和支持。

通过设定情绪边界，我们可以更好地管理自己的情绪，以保持心理健康。

李阳是一个热心肠的人，他总是尽力去帮助身边的每一个人，无论是家人、朋友还是陌生人。然而，李阳有一个不为人知的弱点——他缺乏情绪边界。

一天，李阳的好友小陈因为失业而陷入了沮丧之中。小陈的负面情绪像洪水猛兽一般席卷而来，他不断向李阳倾诉自己的不幸和挫败。李阳出于同情和关心，一直耐心地倾听，试图安慰小陈。

我真的感到好无助，失业让我觉得自己一无是处。

我在这里陪着你，一切都会变好的，你并不是一个人在战斗。

然而，随着时间的推移，李阳发现自己逐渐被小陈的负面情绪所吞噬。他的心情开始变得沉重，甚至开始影响到他的日常生活和工作。他开始感到疲惫不堪，但又无法拒绝小陈的倾诉。

一天晚上，李阳终于崩溃了。他坐在空荡荡的房间里，泪水止不住地流下来。他意识到，自己已经被小陈的负面情绪所控制，失去了自己的情绪边界。

从那以后，李阳开始反思自己的行为。他意识到，为了保持自己的心理健康和生活的平衡，他必须学会设定情绪边界。他开始学习如何更好地管理自己的情绪，并学会在必要时拒绝他人的负面情绪。

我一直在帮助别人，却忘了自己的感受也需要被照顾。

显然，没有情绪边界的人更容易受到他人情绪的感染，难以自控地去大悲大喜，最终既没有帮助他人排解，还让自己也陷入更加强烈的负面情绪中难以自拔。

帮助他人排解情绪的前提之一是自己有能力拒绝被对方的情绪深度感染。只有这样，我们才能理智地分析对方情绪失衡的原因，做到有的放矢，快速切入对方的情绪中心，并帮助他释放或排解。

情绪
边界设定

- 识别问题
  - 过度投入他人情绪：易被他人情绪影响
  - 难以拒绝他人：对他人情绪需求无条件回应
  - 自我忽视：忽视自身情感需求和界限
- 明确需求
  - 确定自己的情感需求和界限
  - 思考什么对自己是重要的
- 有效沟通
  - 学习如何表达自己的感受
  - 倾听他人的同时也表达自己的界限
- 设定界限
  - 设定清晰、具体的情绪边界
  - 勇敢地拒绝超出自己界限的请求

倾诉或调节：寻求中立第三方介入

生气时向第三方倾诉，具有多重好处。首先，倾诉能释放内心的负面情绪，有助于缓解压力和焦虑。其次，通过表达感受，我们能更清晰地认识自己的情绪，促进自我认知的深化。再者，倾听者的反馈和建议，有助于我们更好地处理问题和冲突。最后，倾诉也是建立和维护人际关系的重要途径，通过分享，我们与他人建立更深厚的情感联系。因此，生气时向第三方倾诉，不仅能让我们自己受益，也能促进人际关系的和谐发展。

张涛在工作中遇到了一些挫折，这让他感到非常生气和沮丧。

下班后，张涛独自走在回家的路上，心里充满了不满和抱怨。他不想把负面情绪带回家，于是决定找一个朋友倾诉。他打电话给好友朱瑾，两人约定在一家咖啡馆见面。

在咖啡馆里，张涛向朱瑾倾诉了自己的烦恼。他讲述了工作中的困境和自己的感受，情绪有些激动。朱瑾耐心地听着，不时地点点头，表示理解和支持。

倾诉过后，张涛感到轻松了许多。他发现自己并不是真的那么生气，只是需要一个倾诉的出口。朱瑾的倾听和理解，让他感受到了温暖和支持。

第二天，张涛带着更加积极的心态回到了工作中。他意识到，遇到问题时，向第三方倾诉不仅可以缓解情绪，还能帮助我们更好地认识自己和解决问题。从此以后，每当他遇到困难和挫折时，他都会找自己的朋友倾诉，共同面对生活的挑战。

这个故事告诉我们，生气时向第三方倾诉是一种非常有效的情绪管理方式，能够帮助我们释放负面情绪，促进自我认知，增强人际关系的和谐。

倾诉是一种强大的情感释放方式，它能帮助我们减轻压力、舒缓情绪，并在倾诉的过程中更深入地了解自我。通过向信任的人倾诉烦恼，我们可以获得情感上的支持和理解，这种支持能转化为我们面对挑战的力量。因此，不要害怕倾诉，让内心的声音被听见，让情感得到释放和治愈。

在激烈的争执和冲突中，双方往往陷入情绪化的泥潭，难以理性沟通，甚至可能让关系进一步恶化。此时，引入一个中立的第三方进行调解，能够为双方提供一个缓冲的空间，帮助双方冷静下来，以更加客观和理智的态度面对问题。第三方调解者不仅能够倾听双方的观点，还能提供中肯的建议和解决方案，促进双方的理解和沟通，从而化解矛盾。因此，生气时寻求第三方调解不仅有助于平息怒火，更能促进双方的和解与和谐。

郑龙和王刚因为一项工作分配问题产生了激烈的争执。郑龙觉得自己承担了过多的工作，王刚则认为郑龙是在推卸责任。两人的情绪逐渐升温，愤怒的话语在办公室中回荡。

同事们纷纷避开这对正在气头上的"火药桶"，生怕被波及。然而，经理张女士察觉到了办公室中的紧张氛围，她决定作为第三方进行调解。

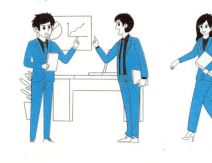

我已经做得够多了，为什么还要把更多的工作推给我？

你在推卸责任，郑龙！这些工作本来就是我们应该共同承担的。

张女士先是把两人分开，分别听他们讲述了各自的立场和不满。她以冷静、客观的态度倾听，不时地点头表示理解。随后，她分别给予两人建议，指出他们在沟通中存在的问题，并提出了解决方案。

在张女士的调解下，郑龙和王刚逐渐冷静下来，开始理解对方的立场和难处。他们意识到，争执和愤怒并不能解决问题，只会让事情变得更糟。于是，他们决定放下成见，按照张女士提出的方案重新分配工作。

最终，两人握手言和，办公室中的紧张氛围也随之消散。他们感谢张女士的及时调解，也为自己能够冷静处理问题而感到庆幸。

您说得对，张经理。我可能太情绪化了，我愿意听取王刚的意见。

郑龙，我理解你感到压力，但沟通时我们需要更客观地看待问题。

我们常说找个台阶下。第三方的调解就是最好的台阶，在争执中，双方都已经上头，即便是有心息战，也是骑虎难下。这时候，第三方可以主动介入，也可以被动介入——"您给评评理，这事该怎么处理。"人的自尊心往往不允许冲突者主动退让，但是能够接受第三方的劝阻，因为第三方的劝阻既能处理争端，又能保全冲突双方的颜面。

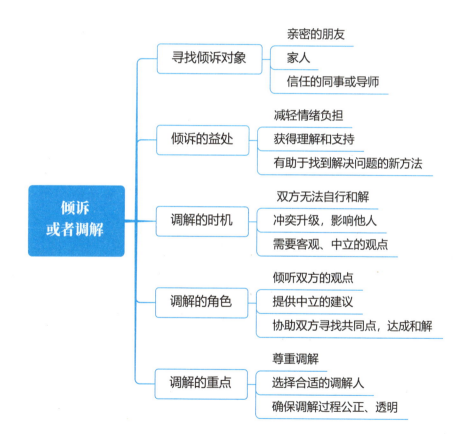

应对挑衅：保持尊严与风度

很多生气来自挑衅。面对挑衅时，保持尊严和风度至关重要。尊严是人格的基石，它让我们在挑战面前不轻易动摇，保持内心的坚定与从容。风度则是我们修养的体现，让我们在冲突中保持冷静与理智，用智慧和风度去化解矛盾，而非陷入无谓的争执。保持尊严和风度，不仅有助于我们维护个人形象和声誉，更能赢得他人的尊重与信赖，建立起更加稳固和谐的人际关系。因此，面对挑衅，我们应当保持冷静，坚守尊严，展现风度，以优雅的姿态应对挑战。

张丽的工作能力出众，深受上司和同事们的赞誉。然而，她遭遇到了同事的嫉妒和挑战。

一天，部门会议上，张丽的同事徐波突然发难。他质疑张丽的工作方法，认为她的成绩存在夸大之嫌。面对这样的公开质疑和挑衅，会议室里的气氛一下子变得紧张起来。

> 张丽，我对你的工作成果有些疑问，我认为有些地方可能被夸大了。

然而，张丽并没有因此而慌乱。她深吸一口气，用平和而坚定的眼神看着徐波，然后开始详细地解释自己的工作过程和成果。她用自己的专业知识和实际案例来证明自己的工作能力，同时保持了对徐波的尊重和理解。

在整个过程中，张丽始终保持着冷静和风度。她没有因为被挑衅而失去理智，也没有因为被质疑而失去自信。她用专业的态度和高尚的品格赢得了在场所有人的敬佩和尊重。

经过这次事件，张丽不仅成功地捍卫了自己的尊严和名誉，还赢得了更多人的支持和赞赏。她的同事们纷纷表示对她的敬佩和钦佩，而徐波也意识到了自己的错误并向她道歉。

在现代职场中，我们难免会遇到各种挑战和困难。当面对挑衅和质疑时，保持冷静和风度是至关重要的。这不仅能让我们更好地应对挑战、维护自己的尊严和名誉，还能赢得他人的尊重和支持。张丽的故事告诉我们，在职场中保持尊严和风度是一种重要的职业素养和人生智慧。

那么，我们如何在面对挑衅时保持自己的风度和尊严呢？当你在面对挑衅时，保持尊严和风度的关键在于保持冷静，并始终以礼貌和尊重的态度回应。深呼吸以稳定情绪，用事实和数据来支持你的立场，而不是陷入无意义的争吵。不要让挑衅者的言辞分散你的注意力，要保持自己的立场坚定，专注于实现自己的目标，展现你的自信和风度。

公司召开重要的创意提案会议。李琳准备了一份关于新产品推广的创意方案。在会议即将开始时，张强突然走到她面前，说："听说你这次准备得很充分啊，不过别太高估自己了，到时候可别在大家面前出丑。"

面对挑衅，李琳心中虽然感到不悦，但她并没有让情绪影响到自己。她深吸一口气，保持冷静，微笑着回应："谢谢你的关心，我相信我的方案能够经得起考验。"

会议开始了，李琳用专业的语言和生动的演示，赢得了在场所有人的掌声和赞赏。

然而，张强再次挑衅道："谁知道你是不是抄袭别人的呢？"李琳并没有生气。她微笑着从文件夹中取出了一份详细的创意过程记录，展示给张强看："这是我整个创意过程的记录，从最初的灵感来源到最终的方案定稿，每一步都有详细的记录。我相信，真正的创意是无法被抄袭的。"

张强看着李琳手中的记录，脸上露出了尴尬的表情。他意识到自己的挑衅并没有让李琳失去风度，反而让她更加坚定地展现了自己的实力。

面对挑衅时，你的反应比他们的行为更能体现你的品质。微笑以对，用平和而坚定的语气表达自己，展现出不被轻易动摇的自信。记住，有时候，沉默或是简短而有力的回应，比长篇大论更能彰显你的立场与风范。通过自我控制和积极的态度，不仅维护了自己的尊严，也赢得了旁观者的尊重。在任何情况下，保持自尊和专业，让你的行为成为自己最好的代言。

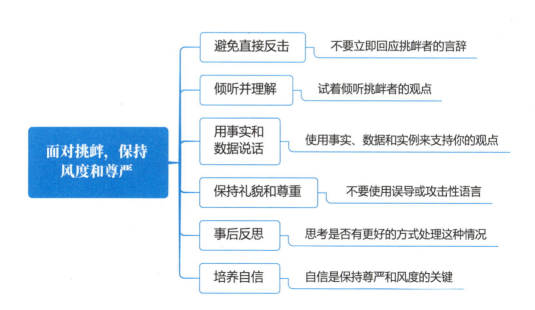

团队合作中的冲突管理

在团队合作中，冲突管理的重要性不可忽视。冲突是团队运作中难以避免的现象，但如何妥善处理冲突，直接关系到团队的凝聚力和工作效率。有效的冲突管理不仅有助于增强团队内部的相互理解和信任，还能激发团队的创造力和创新力。同时，良好的冲突管理能力还能为团队营造一个积极、健康的工作氛围，使团队成员更加愿意为共同的目标而努力。因此，在团队合作中，重视并加强冲突管理至关重要。

小李和小王是团队的两位核心成员。他们分别负责项目的不同部分，但由于对某个功能的理解存在差异，两人产生了激烈的冲突。

小李坚持自己的设计方案是最优的，能够确保软件的稳定性和用户体验。小王则认为他的方案更加灵活，能够应对未来可能的变化。双方各执己见，争论不休，导致项目进度受到了严重影响。

团队领导察觉到了这一问题，决定介入调解。他首先听取了双方的观点和理由，然后组织了一次团队讨论会。在会议上，小李和小王都有机会详细阐述自己的方案，并接受其他成员的提问和建议。

经过充分的讨论和交流，团队最终找到了一个结合双方优点的折中方案。小李和小王也意识到，他们的冲突并非不可调和，而是可以通过有效地沟通和协作找到共同的目标。

这次经历让团队成员们深刻地体会到了冲突管理的重要性。他们学会了在合作中保持开放的心态，尊重彼此的观点，通过有效的沟通和协作共同解决问题。

> 团队合作，思想的火花难免碰撞成为冲突的火苗，如果不及时制止，这种火苗会引燃整个团队，导致工作停滞不前，严重的甚至会让团队解散，项目取消。所以，及时高效的冲突管理是团队能稳定向前发展的有力保障。

在团队合作中管理冲突，首先需要建立开放和包容的沟通环境，让每位成员都敢于表达自己的观点和疑虑。当冲突出现时，团队成员应保持冷静，避免情绪化的反应，通过倾听和尊重对方的立场来增进理解。

其次，要采用积极的冲突解决策略，如寻求共同点、提出折中方案或引入第三方意见，以达成共识。在解决冲突的过程中，要关注团队的整体利益，而非个人得失，以合作和共赢为目标。

最后，建立明确的团队规范和流程，规定冲突解决的途径和方式，有助于减少不必要的误解和争执。通过持续的团队建设和培训，提升成员间的信任感和协作能力，从而更好地管理冲突，推动团队向前发展。

团队中的冲突管理应遵循如下原则：

早期识别与干预：及时介入，避免小问题演变成大危机。

中立公正：在处理冲突时，领导需要保持中立，公平听取各方意见。

沟通与倾听：良好的沟通是解决冲突的关键。

促进理解和共情：引导团队成员理解彼此的立场和感受，培养共情能力。

灵活应对：包括调解、协商、妥协或采用创新方法。

建立共识与预防机制：包括加强团队建设、提高沟通效率和培养团队成员的冲突解决技能。

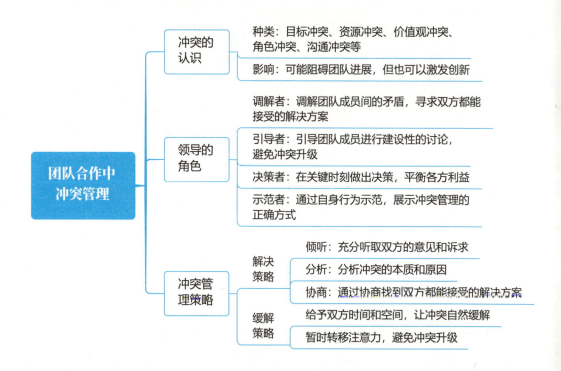

第四章
持续实践——构建不生气的生活方式

　　没有平静无波的海，生活总是起起伏伏，我们要培养一颗坚韧的心，学会在风浪中航行。通过欣赏他人、认识自我，不过分执着于小事，在挑战面前保持冷静，并以沉默和智慧对抗无礼。在亲密关系中找到慰藉，在生活的不平中寻求平衡，以平和心态走向更加宁静和谐的未来。

欣赏他人优点，寻找自我长处

在日常生活中，我们无法避免与人交往和相处。想要将这些负面情绪升级为愤怒，我们可以采取一种更加积极的心态。如果我们能够学会欣赏他人的优点，同时肯定自己的长处，我们的心态将变得更加平和。当我们专注于他人的优点时，我们会发现每个人都有值得学习的地方，这种欣赏能够减少我们对他人的苛责和不满，从而减少生气的机会。同时，通过寻找自己的长处，我们能够更加自信地面对生活中的挑战，而且能够在面对困难时保持冷静，避免因冲动而生气。

张强工作勤奋，但性格中有一种强烈的自我中心倾向，他总是认为自己的工作方式是最好的，很少去关注和欣赏同事的优点和工作方法。

他的同事赵影，则十分擅长创新思维和团队合作。然而，张强不但没有去了解和学习赵影的工作方式，反而常常在背后贬低李明，认为那些都是不切实际的想法。

公司为了一个重要项目组建了一个团队，张强和赵影都被选入了这个团队。项目进行中，团队领导鼓励大家提出创意和解决方案。赵影提出了一个大胆而创新的计划，而张强却因为之前的成见，心中十分愤懑，没有给予客观评价，还在

大家看，我提出了一个创新的解决方案，我相信它能为我们的项目带来突破。

又是这些不切实际的想法，我才不会支持。

团队中散布负面情绪，导致赵影的计划没有得到足够的支持。

最终，项目因为缺乏创新而未能达到预期效果，团队的表现平平。公司领导在评估项目结果时，注意到了赵影的创新提案和张强的消极态度。不久后，公司有一个晋升机会，赵影因为其创新思维和团队精神被提拔，而张强则因为缺乏欣赏他人优点和团队合作的态度而错失了这次机遇。

赵影，因为你的创新思维和团队精神，公司决定提拔你。

通过欣赏他人和寻找自我长处，我们能够培养出一种更加宽容和理解的心态。这种心态能够帮助我们在遇到争端时不被愤怒所左右，而是能够以更加平和的方式去解决问题。同时，也能够让我们在日常生活中更加快乐和满足。

要实现这种心态的转变，我们可以采取一些具体的行动。首先，当遇到让我们生气的事情时，要试着从不同的角度去看待问题，寻找对方的优点，这样可以帮助我们减少生气的情绪。其次，通过自我反思，识别自己的优势和潜力，这将有助于我们增强自信，更加勇敢地面对挑战。

此外，通过写日记、绘画或音乐来表达我们的情感，通过阅读、旅行或与不同背景的人交流来拓宽视野，让我们清晰地认识自己和他人，减少因误解或偏见而产生的生气情绪。

最后，保持定期锻炼、健康的饮食习惯、充足的睡眠以及良好的身心状态，从而保持平和的心态，减少生气的机会。

程序员孙祥对自己的技术非常自信，很少关注其他同事的工作。然而，在一个关键的项目中，他的设计方案被拒绝，而是由同事小张的方案取而代之。

起初，孙祥感到沮丧和不满。他开始质疑自己的能力，甚至对小张产生了嫉妒。这让他不爽了好几天，导致后面的工作出了些小差错。后来，孙祥意识到生气和嫉妒并不能解决问题，反而会影响自己的判断和情绪。

孙祥开始反思自己的工作方式，他意识到自己过于重视技术细节，而忽视了项目管理和团队协作的重要性。于是，他主动与小张交流，了解小张的设计思路和解决问题的方法。在这个过程中，孙祥发现小张不仅技术扎实，而且在项目管理和团队协作方面有着出色的能力，孙祥决定向小张学习。

通过一段时间的学习和实践，孙祥不仅在技术上有所提升，而且在团队协作和项目管理方面也有了显著的进步。他的改变得到了公司领导和同事们的认可，最终他被提升为项目负责人。

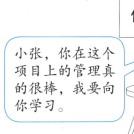

小张，你在这个项目上的管理真的很棒，我要向你学习。

当然可以，孙祥，我们共同努力，一定可以做得更好。

　　通过欣赏他人和寻找自我长处，我们能够更好地控制自己的情绪，减少生气的机会。这种心态的转变，将使我们在面对生活中的各种挑战时，能够保持一种积极、乐观的态度。我们会更加珍惜与他人的相处，更加珍视自己的成长和进步。让我们学会欣赏，学会寻找，用一颗平和的心去面对生活，用一种积极的态度去迎接挑战，这样我们的生活将会更加充实。

欣赏他人优点，寻找自我长处

- 欣赏外界：日常关注他人优点，用赞美替代批评，培养感激心态
- 自我肯定：认识并肯定个人长处，每日反思进步，增强自信
- 情绪调节：遇愤怒，深呼吸，冷静后再处理
- 有效沟通：耐心倾听他人，增进理解
- 健康生活：均衡饮食、规律运动、充足睡眠，稳固情绪基础

朋友的相处之道，切莫过分较真

　　我们在生活中不可避免地会遇到与朋友意见不合、观点相异的时刻。在这些时候不要过分较真，因为每个人都有自己的缺点和不足，如果我们总是拿着放大镜去审视、去计较，这样会伤害彼此的感情，甚至导致关系的破裂。若我们能够放下心中的执着和计较，以一种宽容和理解的心态去面对，便能避免不必要的争执和生气。因此，我们不要被外界的波动所影响，即使在冲突面前，也能保持冷静和理智。这种心态有助于我们维护和谐的人际关系，同时也能够让我们的内心保持宁静。

　　张强和李浩从小一起长大，共同经历了许多事情，建立了深厚的友谊。张强在一家公司做销售，李浩则是一名工程师，尽管工作繁忙，他们仍然经常一起出去聚会。

　　一次，两人在聚会中讨论起了工作上的事情。张强对公司的某些决策感到不满，而李浩则试图从一个更理性的角度来分析问题。讨论逐渐变得激烈，张强坚持自己的观点，认为李浩没有站在他的立场上考虑问题。李浩试图缓和气氛，张强却开始对李浩的每一个观

我真不明白公司怎么会做出这样的决策，太不合理了！

张强，或许我们该从不同角度来看这个问题……

点进行尖锐的反驳，甚至开始质疑李浩的能力和判断。

李浩感到非常失望，他没想到张强会因为一次简单的讨论就变得如此刻薄。他试图解释，但张强已经无法冷静下来。最终，李浩选择了离开，两人的友谊因为这次争执而产生了裂痕。

后来，张强意识到自己的错误。他后悔自己的较真和冲动，但李浩已经对这段友谊失去了信心。尽管张强尝试修复关系，但李浩始终保持着距离，两人似乎再也回不到过去那种亲密无间的状态。

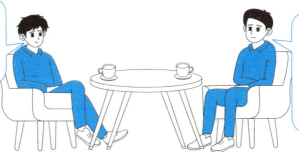

朋友的相处之道，在于相互尊重和理解。切莫过分较真，因为真正的友谊是建立在相互包容和支持的基础上的。当我们能够放下自我，去倾听和接纳朋友的观点时，我们的关系将更加稳固，心境也会更加平和。

为了能够和朋友保持和谐的关系，我们可以采取一些具体的行动。首先，当我们遇到分歧时，应该学会冷静思考，避免情绪化地回应。尝试站在朋友的立场上，理解他们的想法和感受。其次，我们应该培养开放的心态，接受朋友的不同意见，而不是一味地坚持己见。此外，我们可以通过共同的活动和经历来增进彼此的了解，以减少相处中的误解和冲突。同时，我们也应该学会适时地表达感激和赞赏，对朋友的善行和优点给予肯定，这能够增强彼此的情感联系。

陈晨和赵磊有着不同的背景和兴趣，但多年来一直是好朋友。陈晨热爱艺术，赵磊则是一名理工男，他们的友谊建立在相互尊重和欣赏彼此的差异上。

一次，两人决定一起参加一个周末的户外活动。陈晨希望去参观一个艺术展览，赵磊则更倾向于去攀岩。在选择活动时，他们各自坚持自己的意见，气氛开始变得紧张。

陈晨，攀岩才是我的菜，一起去挑战自我怎么样？

赵磊，这个艺术展览真的很有趣，我们去看看吧！

赵磊首先意识到，如果继续争执下去，可能会损害他们之间的友谊。他决定放下自己的坚持，对陈晨说："我们没有必要因为这点儿小事起争执，我更在乎的是我们能够一起度过愉快的时光。"

我们上午去看展览，下午去攀岩，这样不是两全其美吗？

陈晨，我们没有必要争执，重要的是我们能共度美好时光。

陈晨被赵磊的宽容所感动，他也意识到自己的固执可能会伤害到赵磊。于是，他提议："我们可以上午去看展览，下午去攀岩，这样我们都能享受到自己喜欢的活动。"

赵磊同意了这个提议，两人都为对方的理解和妥协感到高兴。他们一起度过了一个充实愉快的周末，不仅享受了各自的兴趣，而且加深了彼此的友谊。

通过这些方法，我们能够在朋友的相处中，减少因过分较真而产生的生气和矛盾。我们的心态将变得更加平和，我们的友谊也将更加深厚。当我们学会欣赏朋友的优点时，我们的心境将变得更加宁静，我们的生活也将更加和谐。让我们在与朋友的相处中，学会放下，以一颗宽容和理解的心去维护这份宝贵的人际关系，享受那份由内而外的平和与宁静。

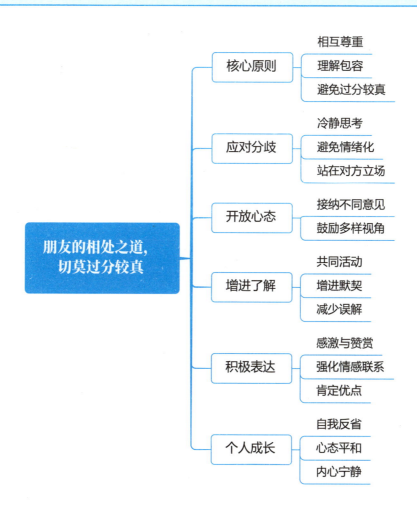

吃亏是福，经历才是宝藏

在人际交往中，我们常常会遇到一些让自己吃亏的情况，这些经历可能会让我们感到不公或愤怒。然而，如果我们能够换一个角度去看待这些所谓的"吃亏"，将其视为一种福气，我们的心态将会发生极大的转变。吃亏是福，因为吃亏会让我们学会忍耐和宽容，这些品质能够帮助我们在面对挑战时保持冷静，减少生气的机会。同时，每一次的经历都是宝贵的，通过这些经历，我们能学会如何在逆境中寻找成长的机会，而不是仅仅看到损失，能更好地处理问题，更加成熟地面对生活中的起伏。

在一个熙熙攘攘的市集里，有一位商人以公正无私而闻名。他的店铺里挂着一杆秤，这杆秤不仅是他称量商品的工具，更是他诚信经营的象征。

老板，你这秤可要称准了，别缺斤少两哦。

您放心，宁可我吃亏，绝对不会让您吃亏。

一天，市集上来了一个顾客，他的目光狡黠，言语中带着几分试探。商人微笑着迎接了他，耐心地介绍着商品。顾客挑选了一些东西，放在秤上称重。商人操作着秤，突然，他有意无意地在秤的一端多加了一个砝码。

顾客看着秤杆倾斜，眼中闪过一丝得意，却没说什么，只是默默地付了钱，带着商品离开了。这一幕被旁边的小贩看在眼里，他们窃窃私语，不明白商人为何要这么做。

商人的这一行为很快在市集上传开了。有人摇摇头，觉得商人太傻，竟然在眼皮子底下吃亏；有人则觉得这可能是商人的一次失误。然而，商人并没有解释什么，他依旧每天微笑着迎接每一位顾客，用心地经营着自己的小店铺。随着时间的流逝，人们发现，商人的店铺总是顾客盈门，生意异常红火。

我听说上次老板吃亏了，但他还是坚持诚信经营，这样的商家值得支持。

诚信第一

这里的商品质量一直都很好，老板也实在。

> 将吃亏视为一种福气，这种心态有助于我们从每一次的挑战中汲取力量，而不是沉溺于愤怒和失望。当我们接受并反思这些经历时，实际上是在培养一种内在的坚韧和智慧，这将使我们在未来遇到类似情况时更加从容不迫。

要实现这种心态的转变，我们可以从以下几个方面着手。首先，当我们遇到让自己吃亏的情况时，可以尝试从中找到积极的一面，比如它可能提供了一个学习的机会，或者是一个锻炼自己耐心和宽容的机会。其次，我们应该学会放下短期的得失，从长远的角度看待问题。再者，我们可以通过反思和总结，从吃亏的经历中提炼出有价值的教训，这些教训将指导我们在未来做出更明智的选择。最后，我们应该培养一种乐观的心态，相信每一次的吃亏都是成长的机会，每一次的经历都是积累的财富。

父亲，多给人家一点儿钱吧！日后我们或许也会需要别人的帮助。

我儿言之有理，我确实不该如此吝啬。

宋朝时期，有一个出了名的有钱人。然而，他却十分吝啬，人们在背地里常称他为守财奴。

这位富人在置办田产或房产时，总是不肯付足对方应得的钱，有时候甚至为了少付一分钱而与人争得面红耳赤。他尤其喜欢在别人困窘危急之时，压低对方急于出售的房产、地产及物品的价格，从中牟取暴利。

有一次，这位富人准备买下一户破落人家的大院。为了能少出一些钱，他竭力压低房价，与对方争执不休。这时，他的儿子看不下去了，便将富人拉到一边，劝说道："父亲，这套院落确实不错，您还是多给人家一点儿钱吧！说不定哪一天我们儿孙辈会出于无奈而卖掉这大院，那时候也会有好心人不会肆意压低价格。"

感谢您的慷慨帮助，在我最困难的时候伸出援手。

人生在世，互相帮助是应该的，愿助君一臂之力。

儿子的话让富人感到吃惊，同时也感到羞愧。最终，他让对方用满意的价格买下了那套院落。后来，这位富人家里出现了经济危机，而当初卖给他们院落的那户人家的主人，在看到富人家里有难时，主动提出帮助，让富人一家得以渡过难关。

通过这些实际的步骤，我们可以将吃亏的经历转化为个人成长的机会。这种积极的心态不仅减少了我们的愤怒和不满，还帮助我们在生活的各个方面建立起更加坚实的基础。让我们以一种开放和乐观的心态去接受每一次的吃亏，将其视为通往智慧和成熟之路上的必经之路。这样一来，我们就能够更加深刻地理解"吃亏是福，经历才是宝藏"的真正含义，并在生活中实践这一理念。

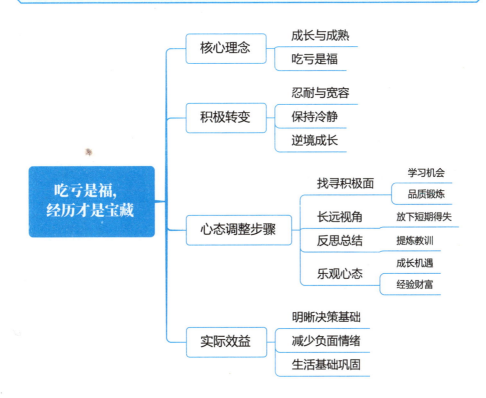

以沉默应对他人的无礼行为

面对他人的无礼行为，我们的内心往往容易掀起波澜，生气的情绪常常一触即发。然而，选择沉默作为回应，是一种深思熟虑的自我克制，它有助于我们维护内心的平和。沉默并不是一种退缩，而是一种有意识的选择，它为我们提供了冷静思考和评估局势的机会。通过沉默，我们避免了在愤怒情绪的驱使下做出可能后悔的冲动行为。沉默也是一种非言语的表达，能向对方传达一个明确的信息：我们不会被无礼所动摇，也不会因此降低自己的行为标准。在沉默中，我们要化被动为主动，将情绪和反应都掌握在自己手中。

古代有一位智者，他以其深邃的智慧和平静的性情而闻名。一天，市集上来了一个人，他嫉妒智者的声望，想要羞辱智者，证明自己的优越。这个人走到智者面前，开始用尖锐的言辞侮辱智者，言辞中充满了挑衅和不敬。

围观的人群开始聚集，他们期待智者会如何回应。然而，智者并没有被激怒，他没有反驳，也没有生气。相反，他只是静静地听着，面带微笑，仿佛在听一个无关紧要的故事。

挑衅者看到智者没有任何反应，感到非常沮丧。他加大了侮辱的力度，但智者依然保持沉默，不为所动。最终，挑衅者感到无趣，停止了侮辱，灰溜溜地离开了。

事后，有人问智者："您为什么不回应那个人的侮辱？如果您回应了，我们相信您一定能让他哑口无言。"智者回答说："如果有人送你一份礼物，但你拒绝接受，那么这份礼物最终会回到送礼人的手中。同样的，如果有人用侮辱来攻击你，而你不接受，那么这些侮辱也会回到他们自己身上。"

> 沉默给了我们一个缓冲的空间，让我们有时间退一步，不被即时的情绪所左右。在这个空间里，我们可以冷静地审视局势，思考如何以一种更加理性和建设性的方式应对。这种自我克制不仅有助于我们保持个人的尊严，也向对方展示了一种成熟和智慧。

想要有效地以沉默应对无礼行为，我们可以采取以下几个步骤。首先，当面对无礼时，深呼吸并保持冷静，不要立即做出回应。给自己几秒钟的时间来评估情况，决定最佳的应对策略。其次，认识到并非所有的攻击都值得回应，有时候选择不参与可以避免事态的升级。再者，如需回应，则确保你的回应是旨在解决问题，而不是加剧冲突。此外，练习自我反省，思考无礼行为背后可能的原因，减少因误解而产生的愤怒。最后，如果无礼行为持续发生，考虑与对方表达你的感受和期望，寻求解决问题的方法。

阿敏是一家广告公司的创意总监，管理着几个人的小团队。在一次项目会议上，一个新来的同事小李，由于对项目的理解和阿敏不同，突然在会议中大声质疑阿敏的方案，言辞十分尖刻。

会议室里的气氛突然紧张起来，所有的目光都集中在阿敏身上，等待着她的反应。

然而，阿敏并没有如大家预期的那样激动反驳，她只是平静地听完了小李的话，然后淡淡地说："我们都是为了项目好，有不同的意见很正常。我们可以坐下来再详细讨论。"

会议结束后，小李感到有些内疚，他意识到自己在众人面前对阿敏的无礼。他找到阿敏，向她道歉。阿敏微笑着接受了他的道歉，并表示理解他的压力和紧张。

阿敏的沉默并不是逃避，而是一种成熟的处理方式。她没有让情绪占据上风，而是选择了一个更加有建设性的方法来解决问题。她的这种处理方式赢得了同事们的更多尊重。

通过沉默的方式应对无礼行为，我们不仅能够保护自己免受不必要的伤害，还能够展现出一种成熟和尊严。这种应对方式有助于我们减少因他人的不当行为而产生的生气和不满，让我们的内心保持平静和清晰。同时，也能给予他人反思和成长的空间。这样一来，我们不仅能够避免生气，还能够在复杂的人际关系中展现出更高的自我修养和智慧。

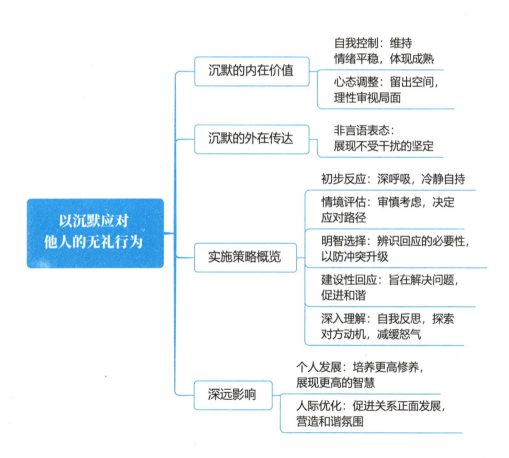

131

有些事当忘则忘

在纷扰复杂的世界中，我们常常会遭遇一些令人不悦的事情，这些事情可能会让我们感到愤怒或沮丧。然而，选择性地遗忘那些不值得我们投入情感和精力的小事，是一种释放心灵负担、维护心态平衡的有效方法。"有些事当忘则忘"，这句话提醒我们，不是所有的冒犯和不公都需要我们去铭记和回应。这种遗忘不是一种逃避，而是一种自我保护，让我们能够专注于那些真正重要和有价值的事物，从而保持内心的宁静和积极的生活态度。

一天，一个弟子向老禅师诉说着自己受到了不公平对待，发泄心中的不满和愤怒，希望得到一些安慰和指导。

老禅师静静地听着，然后递给弟子一个竹篮，让他去河边打水。弟子虽然困惑，但还是按照师傅的指示去做了。然而，每次当他从河边提着水回来时，水就会从竹篮的缝隙中漏光。弟子感到沮丧，认为这是一项无用的任务。

老禅师问他："你看到了吗？即使你把水提回来，它也会漏掉。当你抱怨和愤怒时，这些负面情绪就像水一样，无法被保留，最终会消失。"

弟子若有所思地听着，老禅师继续说："有些事当忘则忘。记住，你的竹篮不是为了装水，而是为了在提水的过程中保持干净和整洁。同样的，你的心不应该被愤怒和不公填满，而应该保持清净和平静。"

从那天起，每当弟子遇到令人不悦的事情时，他就会想起老禅师的话和那个竹篮。他学会了遗忘那些不值得他投入情感和精力的小事，专注于修行和帮助他人。

我明白了，师父。心如竹篮，应保持清净，不被琐事所扰。

竹篮提水，水终会漏尽；心中的愤怒与不公，也应如是放下。

"有些事当忘则忘"是一种成熟的应对机制。实践"有些事当忘则忘"的原则，可以帮助我们从愤怒的循环中解脱出来，让我们的心灵得到休息和恢复。这种遗忘不是对问题的忽视，而是对自身情绪健康的负责。

"有些事当忘则忘"。为此，我们可以采取以下几个步骤：首先，当面对不愉快的经历时，我们可以问自己：这件事是否真的值得我投入情绪？这样的自问有助于我们区分哪些事情是真正重要的，哪些是可以放手的。其次，专注于我们生活中积极的方面，这有助于我们从负面情绪中解脱出来。再者，可以通过冥想、运动或其他放松活动来帮助自己释放怒气和不满。最后，与亲朋好友交流自己的感受，他们的支持和理解可以帮助我们更快地走出阴影。

中国画院院士黄永玉在 98 岁高龄时，依然保持着年轻的心态和创造力，出版了一本新诗集，并亲自为每首诗作插画，他的生活哲学之一就是"善忘"。他认为，岁月无情，但人可以选择如何面对它。黄永玉先生的艺术生涯跨越了几十年，他的作品充满了活力和情感。然而，他并没有让自己沉浸在过去的成就或失落中。他选择记住那些激发他创作灵感的美好事物，同时忘记那些无关紧要的烦恼和不快。

黄永玉先生的这种生活态度，在他的艺术创作中得到了体现。他的画作色彩鲜明，线条流畅，充满了对生活的热爱和对美的追求。他

的散文则透露出对人生哲理的深刻思考，语言简洁而富有哲理。

在黄永玉先生的晚年，他依然保持着创作的热情。每天，他都会在画室里工作，用画笔和颜料表达自己的情感和想法。他的家人和朋友经常来访，他们的到来总是给黄永玉先生带来欢乐和启发，而黄永玉先生的生活和艺术，展现了一种超脱和宽容的精神。

通过这些方法，我们能够更加有效地实践"有些事当忘则忘"的原则，减少因怀恨在心而产生的愤怒和不满。这种心态不仅有助于我们保持内心的平和，还能够让我们的生活更加充实。让我们学会在面对不愉快的经历时，选择遗忘那些不值得我们耗费精力的事情，专注于那些能够带给我们快乐的经历。这样一来，我们不仅能够减少生气，还能够在生活的旅途中保持一颗轻松愉快的心情。

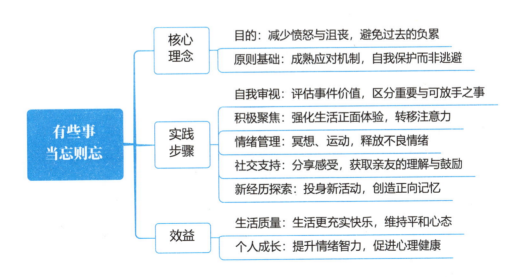

有些事当忘则忘

核心理念
- 目的：减少愤怒与沮丧，避免过去的负累
- 原则基础：成熟应对机制，自我保护而非逃避

实践步骤
- 自我审视：评估事件价值，区分重要与可放手之事
- 积极聚焦：强化生活正面体验，转移注意力
- 情绪管理：冥想、运动，释放不良情绪
- 社交支持：分享感受，获取亲友的理解与鼓励
- 新经历探索：投身新活动，创造正向记忆

效益
- 生活质量：生活更充实快乐，维持平和心态
- 个人成长：提升情绪智力，促进心理健康

怨天尤人不如尽人事，听天命

在面对挫折和失败时，人们往往会感到愤怒和沮丧，有时甚至会怨天尤人，将不满情绪投射到外在因素上。然而，这种态度不仅无助于问题的解决，反而可能加剧我们的负面情绪，让我们陷入更深的愤怒和无力感中。相反，"怨天尤人不如尽人事，听天命"这一智慧的古训提醒我们，应该将注意力集中在我们能够控制和改变的事物上。通过尽自己最大的努力去应对挑战，我们不仅能够减少因无力感而产生的愤怒，还能够在过程中积累经验和智慧，增强自我控制力，从而在不可预测的命运面前保持平和的心态。

谋事在人，成事在天。我已尽我所能，余下的便顺其自然。

诸葛亮作为蜀汉的丞相，为了实现国家统一，他发起了北伐战争。诸葛亮深知北伐之路充满艰辛与挑战，但他依然决定尽自己最大的努力去争取胜利。

在北伐过程中，诸葛亮展现了卓越的军事才能和深思熟虑的战略布局。他精心策划每一次战役，尽可能地利用地利人和，减少战争带来的损失。然而，尽管他竭尽全力，北伐战争并未如预期那样顺利进行。

面对挫折和失败，诸葛亮并没有沉溺于愤怒和抱怨。他深知"谋事在人，成事在天"，自己已经尽了最大的努力，至于最终的结果只能顺其自然。他没有将失败归咎于他人或命运，而是接受了不可预测的命运，并从中吸取教训，准备下一次的行动。

诸葛亮的北伐虽然最终没有取得成功，但北伐提升了蜀汉的国内外政治地位，显示了蜀汉对抗曹魏的决心，增强了国内的团结和对外的威慑力。他的坚持和努力以及他面对失败时的平和心态，成了后人敬仰的典范。

> 战事不利，损失惨重，我必须冷静思考，找出转败为胜之道。

"尽人事，听天命"是一种积极的生活态度，鼓励我们在面对困难时，不是沉溺于愤怒和抱怨，而是积极行动，尽自己所能去改善现状。这种态度有助于我们减少因外部因素引起的生气，转而专注于个人成长和自我提升。

要实践"尽人事，听天命"的原则，我们可以从以下几个方面着手。首先，当遇到问题时，我们应该立即采取行动，而不是等待外部环境的改变，通过积极的行动逐步解决问题，减少因等待和被动而产生的愤怒。其次，我们应该设定清晰的目标和计划，保持动力和方向，即使在面对挑战时也不会迷失。最后，我们要学会在变化的环境中调整策略，这样我们就能够更好地应对不确定性，减少因意外情况而产生的愤怒。

曾国藩是晚清名臣，是湘军的创立者。他的一生充满了坎坷与挑战。在国家动荡不安、内忧外患的年代，曾国藩毅然站出来，肩负起挽救时局的重任。

在与太平天国的战斗中，曾国藩遭遇了前所未有的挫败。他的部队在战场上损失惨重，曾国藩也差点儿丧命。消息传来，整个湘军都笼罩在一片沮丧之中。

战事不利，损失惨重，我必须冷静思考，找出转败为胜之道。

我们还能赢吗？这场战争太艰难了。

曾国藩退守营地，面对着残破的军旗和士气低落的士兵，他的内心同样沉重。但是，他并没有沉溺于失败的情绪中，也没有责怪任何人。在战败的阴影中，曾国藩选择了冷静地分析战局，总结经验教训。他知道，只有从失败中吸取教训，才能避免重蹈覆辙。

在给弟弟的信中，曾国藩写道："以余阅历多年，见事之成功与否，人之得名与否，盖有命焉，不尽关人事也。"个人的努力是改变现状的关键，同时也要善于把握时机，顺势而为。曾国藩没有放弃，他开始重新整顿部队，准备再次出征。

以余阅历多年，见事之成功与否，人之得名与否，盖有命焉，不尽关人事也。

"尽人事，听天命"不仅是一种生活哲学，也是一种情绪管理的智慧。我们要在不可预测的命运面前保持冷静和理智，在挫折面前保持坚韧和乐观。同时，尽自己最大的努力去应对生活中的困难，接受那些我们无法改变的事情，这样我们就能够减少生气，享受更加和谐和平衡的生活。

怨天尤人不如尽人事，听天命

核心价值
- 理念：面对挫折与失败，积极行动而非抱怨，关注可控之事，接受不可控的命运
- 目标：减少愤怒与无力感，促进个人成长与心态平和

实践策略
- 主动应对：遇问题即刻行动，减少被动等待的愤怒
- 明确规划：设定目标与计划，保持行动的方向与动力
- 灵活调整：适应环境变化，有效应对不确定性
- 接受无常：认识并接受不可控因素，减轻挫败感

情绪与心理效应
- 积极生活态度：鼓励行动，减少愤怒与抱怨，促进自我提升
- 情绪管理智慧：在挑战前保持冷静理智，坚韧乐观

生活应用
- 减少生气：通过有效行动与接受，达到情绪的和谐与平衡
- 和谐生活：在不确定性中寻找平静，享受更加和谐的生活状态

寻求感情支持，亲密关系大有裨益

当我们的情绪受到压力和挑战的影响时，不妨试着寻求一下感情支持，尤其是来自亲密关系中的支持，这对于缓解愤怒情绪和恢复心态平衡具有重要作用。亲密关系中的家人、朋友或伴侣，他们提供的理解和关怀可以帮助我们缓解内心的紧张和不安，减少因孤立无援而产生的愤怒。通过与亲密的人分享我们的感受和忧虑，我们不仅能够得到情感上的慰藉，还能够获得不同的观点和建议，这有助于我们更全面地看待问题，从而降低生气的可能性。

关卓在大城市中努力打拼，希望建立自己的科技初创公司。然而，创业之路充满挑战，关卓经常面临巨大的压力和不确定性。

一个关键的商业伙伴撤资，给了他一个巨大的打击。关卓感到非常沮丧和愤怒，他的情绪受到了严重的影响，甚至开始怀疑自己的能力。关卓痛苦了两天，最终拨通了家里的电话，向父母倾诉了自己的困境和内心的挣扎。父亲耐心地听他说完，对他说："孩子，我们永远

爸、妈，我遇到了一些困难，感觉很沮丧……

孩子，我们永远支持你，不管怎样我们都是你坚强的后盾。

支持你。不管你遇到什么困难，我们都是你最坚强的后盾。"

　　母亲也鼓励他："我们相信你的能力，你一定能够克服这道难关。不要忘记，你曾经克服过多少困难才走到今天。"

　　家人的理解和支持给了关卓巨大的安慰。他感到一股温暖的力量在心中涌动，那些愤怒和不安的情绪开始慢慢消散。

　　在家人的鼓励下，关卓重新振作起来。他开始寻找新的投资者，并与团队一起努力完善项目。最终，他的公司不仅渡过了难关，还在业内获得了一定的声誉。

　　亲密关系中的感情支持是一种强大的情绪缓冲，而在亲密关系中寻求支持，是一种积极的应对策略，有助于我们保持心态的稳定和情绪的健康，让我们在遭遇挫折或不公时，感受到被爱和被理解，这种感受能够显著减少我们的愤怒和挫败感。

　　为了充分运用亲密关系中的感情支持，我们可以采取一些具体的行动。首先，我们应该学会开放和诚实地表达自己的感受和需求，让亲密的人了解如何提供帮助。其次，培养积极的沟通技巧，如倾听、同理心和非暴力沟通，这些技巧能够加深我们与亲密伙伴之间的理解和信任。再者，我们在寻求支持的同时，也应该愿意提供支持，只有相互支持才能够加强关系纽带，使双方都能够在面对挑战时获得力量。此外，定期花时间与亲密的人共享爱好、旅行或深入交谈，这些活动能够增进彼此的情感联系，使我们在需要时更容易获得支持。

赵明曾经在艺术界小有名气，但他的创作灵感逐渐枯竭，作品也不再受到市场的青睐。面对职业的低谷，赵明感到前所未有的挫败和愤怒。他开始怀疑自己的艺术生涯是否就此结束。

不甘心的赵明开始寻找各种办法来重拾创作的激情和灵感。他首先尝试改变自己的创作环境，从熟悉的工作室搬到了郊外的一间小屋，希望大自然的宁静能够帮助他放松心情，激发新的灵感。

同时，赵明报名参加了绘画和雕塑的进修课程。他不仅学习到了新的艺术技巧，更重要的是，他被年轻艺术家们的热情和创新精神所感染，这让他的心态逐渐开放，开始尝试打破自己旧有的创作模式。

此外，赵明开始与家人和朋友分享自己的感受和困惑，他们的理解和鼓励给了赵明莫大的支持。在一次家庭聚会上，赵明的侄子对他的画作表现出浓厚的兴趣。这让赵明感到非常温暖，也让他意识到自己的作品仍然能够触动人心。

经过一段时间的努力，赵明的创作灵感慢慢恢复。

> 叔叔，我真的很喜欢你的画，它们太有感染力了！

> 谢谢大家的支持，你们的喜爱是我创作的最大动力。

　　通过在亲密关系中寻求感情支持，我们不仅能够减少因压力和挑战而产生的生气，还能够促进个人的情感健康和关系的发展，令我们在困难面前保持坚韧和乐观，让我们意识到自己并不孤单。因此，我们要珍视并积极培养亲密关系中的感情支持，用这种力量来维护我们的心态平衡，减少生气，享受更加和谐和满足的生活。通过这种方式，我们能够更好地应对生活中的起伏。

寻求感情支持，亲密关系大有裨益

- 支持的作用
  - 情绪缓冲：减少愤怒，增强稳定性
  - 积极应对：维持心态健康，感受被爱理解
- 实施策略
  - 表达需求：开放诚实交流感受
  - 沟通技巧：倾听、同理心、非暴力沟通
  - 双向支持：加强互助关系，共同成长
  - 共享时光：增进情感，便于求助
- 长期效益
  - 个人成长：情感健康提升
  - 关系深化：面对挑战更坚强乐观
  - 减少孤独感：认识到身边有支持

人生常有不平事，看开点更轻松

面对不如意之事时，我们通常会感到愤怒和沮丧。然而，"人生常有不平事，看开点更轻松"，这句话提醒我们，尽管我们无法控制外界的一切，我们却可以选择自己的心态和应对方式。当我们面对不公或挑战时，选择看开而不是纠结，我们就能减少内心的挣扎和愤怒。这种心态的转变，让我们能够以更加平和的眼光看待问题，从而保持一种轻松和自在的生活态度。通过看开点，我们学会了在不完美的现实中寻找平衡，学会了在不可避免的挑战中寻找成长的机会。

张老板年轻时曾是一名画家，一场意外让他失去了右手，绘画生涯就此终止。起初，张老板陷入了绝望。他的生活也随着右手的失去而变得灰暗。

慢慢地，张老板接受了现实。他开始学习用左手进行日常生活，甚至尝试用左手绘画。虽然无法恢复昔日的技艺，但他找到了新的乐趣和表达方式。

几年后，张老板开了一家茶馆，他将茶馆打造成一个文化交流的场所。茶馆墙上挂着他用左手画的画，

失去右手曾让我的世界变得灰暗，但现在，我用左手找到了新的光明。

虽不完美，却充满了生命力和故事。常客们都知道张老板的过去，他们被他的乐观和坚强所感染。

张老板常说："人生就像这茶，有苦有甘，关键是要懂得品味。"他的故事和态度吸引了许多顾客，茶馆成了这条街上最受欢迎的地方之一。

茶馆里，张老板总是以平和的心态面对每一位顾客。不管他们带着怎样的心情进门，总能在张老板的笑声中找到一丝慰藉。他用自己的经历告诉人们，即使遭遇了不幸，也要看开点，才能找到新的生活方向和乐趣。

人生就像这茶，有苦有甘，关键是要懂得品味。

张老板的茶总能让人心情舒畅。

"看开点"也意味着培养一种超脱的心态，它让我们认识到，不是所有的问题都需要及时解决，也不是所有的挑战都必须立即面对。这种心态鼓励我们接受生活的不完美，学会在逆境中寻找宁静，而不是让每一次的不公都激起心中的波澜。

为了更深入地实践"看开点"的生活哲学，我们可以尝试以下方法。首先，通过阅读和学习，拓宽我们的视野，认识到自己的烦恼在更广阔的世界中可能只是沧海一粟。其次，尝试冥想和正念练习，这些方法能够帮助我们活在当下，减少对过去的纠结和对未来的担忧。再者，参与志愿服务或慈善活动，帮助他人既能转移我们对个人不公的注意力，又能让我们体会到给予和回馈社会的快乐。最后，定期进行自我反思，评估自己的价值观和生活目标，确保我们的行动与内心的期望相符，这样即使遇到不公，也能保持内心的坚定和平静。

老王是一名出租车司机，每天穿梭在繁忙的城市中，载着不同的乘客前往各自的目的地。他的生活虽简单，但他总是乐呵呵地面对生活。

一天，老王的出租车在一次意外中受损，这对于他来说是不小的损失。事故发生后，他坐在车里看着撞毁的车头，心里虽然有些沉重，但他并没有让情绪失控。

第二天，老王没有出车，他决定给自己放一天假。他去了附近的修理厂询问修车的费用，并和几位修车师傅聊了聊车辆维修的一些基本知识。老王觉得，虽然这次事故是不幸的，但也许他可以学到一些新东西。

接下来的日子里，老王开始利用空闲时间学习汽车维修。他在网上找资料，向修理厂的师傅请教。慢慢地，他掌握了一些简单的修车技巧。他的出租车修好后，老王还帮着其他司机朋友处理了一些车辆的小问题。

老王的出租车重新上路了。他没有因为那次事故而愤世嫉俗，反而变得更加乐观健谈。他和乘客们分享自己的故事，也聆听他们的经历。

吃一堑，长一智。这次事故虽然让我损失了，但也学到了不少。

老王，你真看得开，不仅修好了车，还学了门手艺。

　　通过这些实践，我们能够更加深刻地理解"看开点"的含义，并将其融入我们的日常生活中。这种心态不仅有助于我们减少因不平事而产生的愤怒，还能帮助我们在面对挑战时保持清晰的头脑和坚定的信念。让我们学会在生活的风浪中保持平衡，用一颗开阔的心去接受生活的高低起伏，享受内心的宁静和生活的简单美好。这样一来，我们不仅能够减少生气，还能够在复杂的世界中找到属于自己的一片宁静之地。

人生常有不平事，看开点更轻松

- 核心心态
  - 转变视角：面对不公，选择看开，减少内耗，促进心灵成长
  - 超脱认知：接受生活不完美，非所有难题即刻解，于逆境中寻平静
- 实践路径
  - 拓宽视野：阅读与学习，使个人烦恼相对化
  - 正念冥想：聚焦当下，释放过往与未来之忧
  - 助人为乐：参与公益，转移注意力，体会奉献的乐趣
  - 自我省察：定期反思，校准价值观与生活方向
- 积极影响
  - 情绪调节：有效管理愤怒，保持头脑清晰
  - 生活态度：提升内在平和，享受生活的简单美好
  - 个人发展：在挑战中发掘潜力，强化内心信念

在起伏人生中保持平衡

人的一生中，每一个阶段都会有起伏不定的时刻，这些时刻可能会引发我们的愤怒和焦虑。在这些波动中保持平衡，则是一种重要的生活技能，这要求我们在生活的风浪中找到稳固的支点。此外，这种平衡不是被动地接受，而是一种主动的适应，需要我们在面对挑战时，能够以一种更加积极和建设性的态度去应对。通过这种平衡，我们可以减少因情绪波动而产生的愤怒，保持一种更加健康和理智的心态。

林峰是一位会计师，他的妻子因工作原因需要长期出差，他不得不独自照顾孩子，同时还要面对工作中的激烈竞争和不断变化的经济环境。在这样的日子里，林峰时常感到焦虑和愤怒，他的情绪波动很大。

为了缓解紧张情绪，林峰选择参加了瑜伽课程。在瑜伽的世界里，他学习了如何通过调整呼吸和身体动作来放松自己。渐渐地，他开始

体验到身心的和谐。瑜伽不仅让他在紧张的生活中找到了宁静的时刻，还教会了他如何专注于当下，减少对过去的遗憾和未来的担忧。

随着练习的深入，林峰发现自己对工作中的挫折和孩子们的调皮行为有了不同的反应。他不再轻易生气，而是尝试理解并寻找解决问题的方法。这种改变让他与孩子们的关系更加融洽，与妻子之间的交流也变得更顺畅，家庭氛围也变得更加温馨。

在生活的风浪中，林峰找到了自己的平衡点。他学会了不被愤怒和焦虑所左右，而是以一种更加清晰和理智的视角来看待问题。

专注当下，生活的问题也变得不再那么棘手。

在生活的起伏中寻找平衡点，是一种智慧的体现。做到这一点，我们就能在面对不公和挫折时，不被愤怒所左右，而是能够以更加清晰的视角看待问题，更加专注于解决问题本身，从而减少不必要的冲突和痛苦。

为了在起伏的人生中保持平衡，我们可以采取一些具体的策略。首先，培养自我意识，了解自己的情绪触发点，并学会在情绪波动时及时调整。其次，练习情绪调节技巧，比如深呼吸、冥想或瑜伽等，这些活动有助于我们在压力下保持冷静和清醒的头脑。再者，保持健康的生活习惯，如规律的饮食、适量的运动和充足的睡眠，这些都是保持情绪稳定的重要因素。最后，发展乐观的生活态度，学会从失败中看到教训，从挑战中看到机遇，这样即使在困难面前，我们也能够保持积极向上的心态。

刘冉的生活在一次突如其来的公司裁员中发生了变化。面对失业的打击，刘冉感到了前所未有的压力和焦虑。他开始四处投递简历，参加各种面试，但结果并不理想。在这个过程中，刘冉的情绪起伏很大，他时常感到愤怒和无助。

失业的压力让我感到愤怒和无助，但我知道不能放弃。

然而，刘冉并没有让这些负面情绪控制自己。他意识到，要想在生活的风浪中保持平衡，他需要找到自己的支点。刘冉开始重新审视自己的生活，思考自己的未来方向。

在这段时间里，他一直利用空闲时间大量阅读，从书中汲取知识和智慧。阅读让他平静下来，也让他看到了更广阔的世界。

刘冉还开始尝试写作，记录自己的所思所感。他的文章逐渐在一些小刊物上发表，这给了他很大的鼓励。通过写作，刘冉找到了一种表达自己的方式，也找到了一种与世界沟通的方式。

几个月后，刘冉终于找到了一份新的工作，虽然不是他最初的职业领域，但他对此充满热情。他的经历让他更加成熟和坚韧，也让他更加珍惜眼前的工作和生活。

即使一切从头开始，我也有信心创造属于自己的精彩。

通过这些方法，我们能够在人生的起伏中保持平衡，减少因情绪波动而产生的愤怒。这种平衡不仅有助于我们维护个人的心理健康，还能够提高我们的生活质量。让我们学会在生活的风浪中保持平衡，用一种积极和乐观的心态去面对每一个挑战。这样一来，我们不仅能够减少生气，还能够享受内心的平和与生活的和谐。

在起伏人生中保持平衡

- 面对生活起伏：接受情绪波动，主动适应变化
- 寻找平衡点：智慧应对挑战，专注解决问题
- 维持情绪稳定：培养自我意识，练习情绪调节技巧
- 健康生活基础：规律饮食，适量运动，充足睡眠
- 乐观态度：从失败中学习，从挑战中寻找机遇
- 生活益处：减少愤怒，提高生活质量，享受内心平和

生气的坏处与排解之道

在现代社会，生活节奏像高速行驶的列车，工作压力也如同山一般沉重。在这样的环境中，我们时常会遇到一些令人恼火的事情，心情也会跟着变得烦躁不安。但你知道吗？生气并不只是心情的波动，它还会给我们的身体带来诸多伤害。

首先，生气可是肝脏的"大敌"。生气时，我们的身体会释放出一种叫"儿茶酚胺"的物质，它就像是个"捣乱分子"，会让血糖升高，脂肪分解加速，导致肝脏里充满了有害的游离脂肪酸。这些脂肪酸对肝脏细胞来说就是毒药，会让我们的肝脏"生病"。

其次，生气还会让我们的免疫力"罢工"。生气时，身体会分泌一种叫"皮质类固醇"的东西，它会让我们的免疫细胞变得懒散，导致抵抗力大大下降，各种疾病就容易找上门来。

再者，生气还会让我们的心脏"受伤"。生气时，心跳加速，血压上升，血液变稠，就像是在给心脏"加压"。同时，大量的血液涌向大脑和面部，让心脏"缺血"，长期这样，心脏可就吃不消了，可能会引发心绞痛等疾病。

除了这些，生气还会影响我们的消化系统。生气时，大脑会变得混乱，导致胃肠道的血流量减少，蠕动变慢，让我们食欲不振，甚至可能引发胃溃疡。

更糟糕的是，生气还可能让我们长出难看的色斑、引发甲亢、加速脑细胞衰老，甚至伤害肺部。生气时，内分泌系统乱成一团，可能会让甲状腺分泌过多的激素，导致甲亢；大量的血液涌向面部，还可能让皮肤长出色斑；生气时呼吸急促，还可能让肺部受到伤害。

那么，我们该如何应对这些生气的"坏处"呢？首先，要学会冷静思考，告诉自己事情并没有那么糟糕，减轻精神压力。其次，可以转移注意力，去做一些喜欢的事情，比如读书、听音乐或者看电影。再次，和亲朋好友分享自己的感受，听听他们的建议，也能让心情变得更好。此外，运动也是个不错的选择，通过运动来释放压力，让身体变得更加健康。最后，如果实在无法控制情绪，可以在适当的地方宣泄出来，但一定要注意方式方法，不要伤害到自己和他人。

总之，生气对身体的伤害是巨大的。我们要学会控制自己的情绪，保持平和的心态，才能享受健康快乐的生活。